国家林业和草原局研究生教育"十三五"规划教材

新疆土壤碳库分布特征研究方法

颜 安 编著

中国林业出版社

内 容 简 介

本教材以中国典型干旱、半干旱区——新疆的土壤碳储量及其分布特征为切入点，在获取翔实数据资料的基础上，运用计量土壤学相关原理和方法，研究分析新疆土壤有机碳和无机碳的剖面分布特征。综合气候、地形地貌、植被指数及土地利用状况等影响因素，建立了 5 种地理空间分析模型：普通克里格（OK）、多元线性回归（MLR）、回归克里格（RK）、地理加权回归（GWR）、地理加权回归克里格（GWRK），定量预测了新疆土壤有机碳和无机碳的空间分布特征，估算了新疆地区土壤碳库储量及其分布特征。系统分析了新疆五大生态区（阿尔泰、准噶尔西部山地半干旱草原针叶林生态区，准噶尔盆地温带干旱荒漠与绿洲生态区，天山山地干旱草原—针叶林生态区，塔里木盆地暖温带极干旱沙漠、戈壁及绿洲生态区，帕米尔—昆仑山—阿尔金山干旱荒漠草原生态区）、不同土壤类型、不同土地利用类型碳储量特征。本书还以新疆典型绿洲——玛纳斯河流域为例，介绍了不同开垦年限土壤碳储量分布规律及影响因素。上述研究成果进一步丰富了干旱区土壤碳循环理论，为揭示区域干旱生态系统碳库变化提供了部分科学依据。

本教材可作为生态学等相关专业研究生教材，亦可为土壤、地学等专业的科研、教学人员提供参考。

图书在版编目（CIP）数据

新疆土壤碳库分布特征研究方法 / 颜安主编. —北京：
中国林业出版社，2020.2
ISBN 978-7-5219-0521-2

Ⅰ. ①新…　Ⅱ. ①颜…　Ⅲ. ①土壤有机质-碳循环-研究-新疆
Ⅳ. ①S153.6

中国版本图书馆 CIP 数据核字（2020）第 050135 号

中国林业出版社教育分社

策划编辑：段植林　范立鹏　　　责任编辑：范立鹏
电　　话：（010）83143626　　　传　　真：（010）83143516

出版发行　中国林业出版社（100009　北京市西城区德内大街刘海胡同 7 号）
　　　　　E-mail：jiaocaipublic@163.com　电话：（010）83143500
　　　　　http：//www.forestry.gov.cn/lycb.html
经　　销　新华书店
印　　刷　北京中科印刷有限公司
版　　次　2020 年 3 月第 1 版
印　　次　2020 年 3 月第 1 次印刷
开　　本　787mm×960mm　1/16
印　　张　8.25
字　　数　230 千字
定　　价　68.00 元

前言

碳库(carbon pool)是全球气候变化研究的重要内容，是指在碳循环过程中，地球各个系统所存储碳的部分，主要分为地质碳库、海洋碳库、土壤碳库、生态系统碳库等。据研究，目前由于人类活动致使地质碳库变成了巨大的碳源，而海洋碳库则变成了巨大的碳汇。现阶段陆地生态系统碳库是受人类活动影响最为显著的碳库，人类活动致使土壤碳库渐成为碳源，而生态系统的碳汇功能正在减弱。土壤碳库包括有机碳和无机碳，是陆地生态系统中最大的碳库。土壤碳的库容巨大，其积累和分解的较小变幅都能导致大气 CO_2 浓度的较大波动，直接影响全球气候与生态环境变化。因此，土壤碳库在全球碳循环和全球变化过程中起着极其重要的作用。

新疆作为典型的干旱与半干旱地区，占中国总面积的 1/6，是全球变化最为敏感的区域之一，其环境变化对中国陆地生态系统的碳循环产生着深刻的影响。了解和掌握新疆土壤碳储量及分布对于正确评价新疆地区土壤在中国陆地生态系统碳循环、中亚地区碳循环乃至全球环境变化中的作用具有重要意义。为此，本教材针对新疆地区土壤碳库储量及空间分布特征，运用多种计量模型开展相关研究分析，旨在揭示规律的基础上，探讨土壤碳库分布特征的研究方法。全书共分为 8 章。第 1 章主要阐述了土壤碳库储量及分布特征的国内外研究进展；第 2 章主要介绍了新疆土壤碳库数据来源与研究方法；第 3 章基于五大生态区分析了新疆土壤有机碳和无机碳含量及密度的垂直分布特征；第 4 章基于地统计学分析方法分析了新疆不同土壤剖面层次有机碳和无机碳的空间变异特征及分布格局；第 5 章运用 5 种不同模型定量预测了新疆土壤有机碳和无机碳的空间分布特征，分析了影响土壤有机碳和无机碳空间分布的影响因素；第 6 章基于定性数据和定量数据估算了新疆土壤碳储量，并探讨了新疆不同生态区、不同土壤类型及不同土地利用类型土壤碳的储量特征；第 7 章分析了新疆典型绿洲(玛纳斯河流域)

不同开垦年限土壤碳储量及剖面分布规律，以及土壤质地盐分对土壤碳分布的影响；第 8 章为本书主要结论及对干旱区土壤碳库研究的展望。

新疆地域辽阔、地形地貌复杂、土壤类型多样，各类环境因素不仅具有很强的地带性分布特征，也存在非地带性分布的区域特征，影响土壤发生、发育的因素难以综合考虑，因此，对新疆土壤碳库的分布及储量估算还存在诸多不确定因素。同时，由于土壤碳库处在动态变化之中，其输入输出机制、源汇效应等都有待深入研究。

本书在编著过程中得到了中国农业大学、新疆农业大学多位同仁的大力支持，为本教材的出版提出了很多有益的意见和建议，在此表示衷心的感谢，感谢为本书出版付出辛勤劳动的编辑，谢谢你们！

本书可作为生态学学科研究生的教材和教学参考书，也可作为从事土壤学、全球变化等学科相关专业科研人员的参考书。由于编者知识水平有限，尽管在编著过程中追求完善，还是难免出现不当和疏漏之处，欢迎广大读者提出批评和改进意见。

编　者
2019 年 9 月

目录

前　言

第1章

绪 论

　　土壤碳库包括有机碳和无机碳，是陆地生态系统中最大的碳库（IPCC，2001；Janzen，2004）。土壤碳库的库容巨大，其积累和分解的较小变幅就能导致大气 CO_2 浓度较大的波动，直接影响全球的碳平衡，从而影响全球气候与生态环境变化（杨光华等，2009；陈朝等，2011）。因此，土壤碳库在全球碳循环过程中起着极其重要的作用（周莉等，2005）。随着全球气候与环境的显著变化，土壤碳库及其变化引起了科学界的广泛关注，是陆地生态系统碳循环研究及全球变化研究的重点和热点之一，也是全球碳计划（GCP）、全球气候研究计划（WCRP）等一系列全球变化研究计划的核心问题之一（Global Carbon Project，2003；Schlesinger，2006；IPCC，2007）。

　　在全球碳循环研究中，土壤有机碳因更新速度快，其作用备受关注。据估计全球土壤有机碳库介于 1395Pg（$1Pg = 10^{15}g$）到 2200Pg 之间（Eswaran et al.，1993；Post et al.，1982；Bohn et al.，1982；Batjes et al.，1996），是地球上植被碳库（500~600Pg）的 2~3 倍，是大气碳库（750Pg）的 2 倍多（苏永中等，2002）。土壤碳库 0.1% 的储量变化将导致大气圈 CO_2 浓度发生百万分之一的变化，全球土壤有机碳 10% 的转化为 CO_2，则会有超过 30 年人类 CO_2 的总排放量（IPCC，2001）。相对土壤有机碳而言，土壤无机碳（SIC）的研究相对较少（Milne et al.，2007；杨黎芳，2011）。作为干旱、半干旱区土壤碳库的主要形式，土壤无机碳在全球碳储存、缓解大气 CO_2 浓度升高过程中具有重要作用，并在全球碳循环过程中的贡献日益显著（Philippe et al.，2008；Li et al.，2007）。研究表明，无机碳约占全球总碳库的 38%，是陆地生态系统中除有机碳库外的第二大碳库，绝大多数无机碳存在于干旱、半干旱地区，比有机碳高 2~5 倍（Eswaran et al.，2000）。因此，土壤无机碳库研究对于土壤碳库计算及碳循环研究是必不可少的（Schuman et al.，2002；Wu et al.，2009）。

干旱生态系统占陆地总面积的47%（Lal，2001a），包括干旱区、半干旱区及干旱半湿润区（Reynolds et al.，2007），约占全球"碳失汇"的1/3（Allen-Diaz et al.，1996）。干旱区碳循环作为全球碳循环的重要组成部分，在区域土壤碳储量及碳循环的作用是不可忽视的（Li et al.，2007；Lagacherie et al.，2008；许文强等，2011），对全球生物地球化学循环具有潜在的重要性。同时，干旱区生态系统受全球变化影响特别敏感（Puigdefábregas，1998），被广泛研究报道（Austin et al.，2004；Shen et al.，2005；Shen et al.，2009；崔永琴等，2011；房飞等，2013），土壤碳库储量及分布对生态系统响应较明显。然而，由于观测数据有限（Yohe et al.，2006；姚斌等，2014），有关干旱区生态系统特别是中亚干旱生态系统区碳平衡的研究较少（Chuluun et al.，2002；Gilmanov et al.，2004），使得该区域碳储量及其变化过程尚不清楚（Lal et al.，1998；Oelbermann et al.，2004）。

新疆作为中国西北典型的干旱与半干旱地区，占全国面积的1/6，是全球变化最为敏感的区域之一，对中国陆地生态系统的碳循环及环境气候变化都产生着深刻的影响。了解和掌握新疆土壤碳储量及转化是陆地生态系统碳循环的重要前提，而新疆土壤碳库的分布、储量和更新是土壤碳循环研究的核心内容，准确估算土壤碳库储量及动态变化状况，对于正确评价新疆地区土壤在中国陆地生态系统碳循环、中亚地区碳循环以及全球环境变化中的作用具有重要意义。新疆深居亚欧大陆腹地，由于独特的山盆相间地形格局形成了典型的"山地—绿洲—荒漠"景观和特殊的气候及植被分布特征，也使得土壤有机碳和无机碳的含量及分布特征变得复杂多样，值得深入探究。此外，新疆大面积分布的漠土及干旱土，对区域碳固定及大气 CO_2 的调节意义重大（樊自立等，2002），在区域土壤碳库的研究中拥有不可替代的地位。然而，国内外在土壤碳库及分布的研究方面，却很少在这一区域开展相关研究工作。最近研究表明，荒漠可能成为较大的碳汇，全球干旱土壤可能在陆地生态系统中碳平衡和碳循环的全球变化中发挥更加显著的作用（Wohlfahrt et al.，2008；Rotenberg et al.，2010），也引起了一些学者的广泛关注（Denef et al.，2008；Rantakari et al.，2010）。由此可见，分析研究新疆土壤碳库特别是碳的储量及分布具有重要的科学价值。

当前，对新疆土壤碳储量的研究大多关注的是中小空间尺度，如农田尺度（雷春英等，2008；Yu et al.，2012；Li et al.，2013a）、景观尺度（Wang et al.，2010；Gong et al.，2012；Wang et al.，2013a）、流域尺度（Yang et al.，2010；Li et al.，2011；王相平等，2012）等，由于欠缺区域土壤碳循环方面的基础数据（姚斌等，2014），有关大尺度的新疆全区土壤有机碳和无机碳储量及其分布特征的研究报道很少。为此，本研究拟应用计量土壤学相关原理，分析研究新疆土壤有机碳和无机碳的空间及垂直分布规律、空间变异规律，综合地形地貌、气候、植被及土地利用等因素建立土壤有机碳和无机碳与环境影响因素之间的数学模型。在此基础上，定量估算新疆土壤有机碳和无机碳储量，分析探讨不同生态区、不同土壤类型及不同土地利用的碳储量分布特征，分析典型绿洲农田土壤碳的分布特征，为干旱区生态系统土壤碳循环、区域碳库平衡研究提供科学参考。

1.1 研究进展

1.1.1 土壤有机碳储量分布及影响因素研究进展

1.1.1.1 土壤有机碳储量研究进展

土壤碳库是陆地生态系统中最大的碳库，是大气碳库的 3 倍，大约是植被的 2.5～3 倍（Post et al.，2000），因此土壤陆地碳库在全球碳平衡中具有更重要的作用。有机碳库轻微的变动，都会引起大气中 CO_2 浓度的变化，进而影响全球气候的变化（杨光华等，2009；陈朝等，2011），因此土壤有机碳储量估算的研究成为近年来研究的焦点（刘苗等，2014）。国外对于土壤有机碳储量的研究较早，大多基于土壤有机碳库的研究结果大都以 1m 土壤深度进行计算，原因是土壤有机碳主要分布于 1m 深度的土层内（陈庆强等，1998）。Bohn（1976，1982）先后两次基于土壤类型图和剖面有机碳含量估算全球土壤碳库为 2946Gt 和 2200Gt。Schlesinger（1990）研究认为土壤碳库为 1500Gt，而利用 FAO/UNESCO 世界土壤图统计结果为 1576Gt（Eswaran et al.，1993）。Batjes（1996）按土壤类型的研究方法，将世界土壤图均按 0.5° 经纬度划分为 259200 个基本网格单元，按每个单元的土种分布、土层厚度、土壤容重、有机碳及砾石含量等数据，计算出全球 1m 土层的有机碳储量为 l462~l548Gt。对陆地碳库容量的估算存在很大的不确定性，不同学者及不同估算方法得出的结果差距较大（表 1-1）。Prentice et al.（1990）、田中正之（1992）、Sombroke（1993）、Foley（1995）、King（1995）估算全球的有机碳储量分别为 1143Gt、1490Gt、1220Gt、1373.2Gt、1537.9Gt。

表 1-1　全球土壤有机碳储量估算

资料来源	全球土壤有机碳储量（Gt）
Rubey（1951）	710
Bohn（1976）	2946
Bohn（1982）	2200
Schlesinger（1990）	1500
Prentice et al.（1990）	1143
田中正之（1992）	1490
Eswaran et al.（1993）	1576
Sombroke（1993）	1220
Foley et al.（1995）	1373.2
King et al.（1995）	1573.9
Batjes（1996）	1462~1548

注：$1Gt = 10^{12}kg$。

早期土壤有机碳储量估算主要基于土壤类型，到 20 世纪 90 年代，随着"3S"技术的发展，为土壤有机碳的研究提供了新的方法和手段。一些研究开始利用"3S"技术从区域或全球尺度上描述土壤有机碳库存量大小、有机碳密度的空间分布及土壤碳库不同层次的属性特征等。如 Rozhkov et al.（1996）基于 1∶250 万土壤分布图上建立了俄罗斯土壤碳的空间数据库，绘制了不同土壤层厚度的有机碳库和无机碳库储量，估计出俄罗斯土壤有机碳库存总量为 342.1Pg，无机碳库存总量为 111.3Pg，土壤总碳库存量为 453.4Pg。加拿大建立了 1∶100 万的数字化土壤图计算出加拿大 0~30cm 土层的 SOC 库存量为 70.1Pg，1m 土层的 SOC 库存量为 249Pg（汪业勖等，1999）。

国内对土壤有机碳的研究较晚，大多基于全国土壤普查得到的土壤属性数据基础上，估算有机碳库。王绍强等（1999，2000a）、金峰（2001）、Ni（2001）、Wu（2003）、解宪丽（2004）、于东升（2005）等采用全国第一次和第二次土壤普查资料,研究中国陆地 1m 深度土壤有机碳储量,估算结果在 50~180Gt 之间。方精云(1996)是将同一土壤类型土壤碳密度的面积加权平均值作为该类型土壤的有机碳密度,之后按土壤类型图进行分类汇总,估算出土壤有机碳储量是 185.6Gt。潘根兴(1999a)是以土种剖面的土壤碳密度为基础,按照土种面积来估算土壤有机碳储量为 50.0Gt,二者估算的结果差异最大,相差 3~4 倍(表 1-2)。

表 1-2 中国土壤有机碳储量估算

中国有机碳储量(Gt)	数据来源	研究方法	文献来源
185.6	全国第一次土壤普查	土壤类型法	方精云等(1996)
100.2	全国第一次土壤普查	土壤类型法	王绍强等(1999)
50.4	《中国土种志》	土种剖面法	潘根兴(1999a)
92.4	全国第二次土壤普查	土壤类型法	王绍强等(2000a)
81.7	全国第二次土壤普查	土壤类型法	金峰等(2000)
119.8	1:400 万土壤植被图	$BIMEO_3$ 模型	Ni(2001)
70.3	全国第二次土壤普查	GIS 估算法	Wu et al.(2003)
82.7	0.5°经纬网格分辨率	CEVSA 模型	李克让等(2003)
84.4	全国第二次土壤普查	GIS 估算法	解宪丽等(2004)
89.1	全国第二次土壤普查	GIS 估算法	于东升等(2005)
83.8	全国第二次土壤普查等历史数据	土壤类型法	Li et al.(2007)

随着地理信息系统(GIS)技术的广泛应用,国内学者基于 GIS 技术估算土壤有机碳储量也取得新的进展。Wu et al.(2003)、解宪丽等(2004)和于东升等(2005)基于第二次土壤普查数据,运用 GIS 技术进行空间分析,并估算出中国土壤有机碳储量,结果显示除了 Wu et al.(2003)估算的有机碳储量为 70.3Gt 以外,其余学者的估算结果均大于 80Gt。而李克让等(2003)运用 0.5°经纬网格分辨率的气候、土壤和植被数据驱动的生物化学模型(CEVSA)估算了中国土壤碳储量为 82.65Gt,为全球土壤碳储量的 4%。

1.1.1.2 土壤有机碳分布研究进展

在全球尺度土壤有机碳的水平分布特征主要受气候因素的影响,土壤有机碳库受降雨量和温度强烈影响(Lal,2002;Wang et al.,2004),自然生态系统土壤有机碳随温度增加呈指数下降。Post et al.(2001)的研究表明,随着海拔的不断升高和温度的逐渐降低，土壤有机碳含量呈逐渐增大的趋势。我国土壤有机碳储量的空间分布具有明显的地域特性。东部地区土壤有机碳储量随纬度的增加而递增，西部地区则表现不同，随纬度减小而增加；北部地区呈现随经度减小而呈递减的趋势，但存在一定的偏转，而在中西部地区的土壤碳密度差异较大（李克让等，2003；解宪丽等，2004；王绍强等，2000b）。王秀红（2001）根据全国第二次土壤普查的结果，研究了中国水平地带性土壤中有机碳的空间变化特征，结果显示东部地区随纬度方向土壤有机碳的变化特征为：温带的暗棕壤和中亚热带的黄壤表现为两个峰值，有机碳的高值与低值的变化趋势一致，北部土壤有机碳含量的变幅较大，而南部土壤有机碳含量的变幅较小；北部地区随经度方向土壤有机碳的变化特征为：自东向西土壤有机碳含量逐渐减小，变幅较小，从湿润区到半干旱区，温带土壤比纬向相邻的暖温带土壤有机碳含量高，而在干旱区及荒漠地区，两个温带土壤有机碳的含量比较接近。王绍强等（2001）认为土壤有机碳分布主要受气候、土壤和人类活动的影响，因此土壤有机碳分布具有高度的空间变异性。解宪丽等（2004）研究表明东北地区、青藏高原的东南部、云贵高原等森林、草甸分布的地区有机碳密度最高，准噶尔盆地、塔里木盆地、阿拉善高原与河西走廊、柴达木盆地等沙漠化地区的土壤有机碳密度最低。我国东北和青藏高原边缘地带土壤碳密度明显高于其他地域，表现出明显的非地带性（于东升等，2005）。

在剖面上的垂直分布大多表现为随土壤深度的增加而降低，各发生层有机碳含量的次序是：A 层>P 层>W 层，其下 B 层或 B_g 层和 C 层有机碳含量都很低。不同轮作制或地形部位差异都会影响土壤剖面中有机碳分布。土壤剖面有机碳分布有 3 种情况：第一种土壤有机碳含量与土壤深度相关性的统计表明，两者间呈极显著的直线负相关 $R = -0.889$，$N = 14$，$P < 0.001$；第二种土壤有机碳的剖面分布略呈 S 形；第三种属地下水位低，排水性能良好的水稻土有机碳的典型剖面分布图（马毅杰等，1999）。土壤有机碳主要分布于上层 1m 深度以内，一些主要的热带土壤，如变性土、铁铝土和淋溶土上层 1m 内的有机碳含量，分别占 2m 深度范围总有机碳量的 53%、69% 和 82%（Sombrock et al.，1993）。有机碳的垂直分布特征主要受淋溶（Dosskey et al.，1997）、微生物活动（Wang et al.，2010）和土壤机械扰动（Kalbitz et al.，2008；Harrison et al.，2011）等作用而向下迁移。也有研究

发现，不同植被类型土壤有机碳在土壤剖面上垂直分布显著不同（Jobbágy et al.，2000）。有研究表明深层碳库一般是稳定的，不会对全球气候变化做出响应，应避免任何会增加土壤剖面新鲜碳的管理实践（如耕地作业以及具有广泛根系的抗旱作物的使用等），因为这都将刺激这种古老的、被埋藏在地下碳的损失（Sebastien et al.，2007）。

1.1.1.3　土壤有机碳影响因素研究进展

土壤有机碳库是全球碳循环的重要组成部分，其积累和分解的变化直接影响全球的碳平衡。土壤有机碳来源于外来有机物质的输入和分解、转化，土壤自身有机物质不断地被分解和转化，最后离开土壤。土壤有机碳的损失主要取决于土壤有机质的氧化及土壤侵蚀的程度，输入和损失之间的平衡决定了土壤有机碳蓄积的潜力。由于微生物是土壤有机物质分解和转化的主要驱动力，因而凡是能够影响微生物活动及其生理作用的因素都会影响土壤有机物质的分解和转化。微生物的活性和有机质的分解速率受温度、水分和氧气含量等环境条件的影响，同时也受到土地退化、水土流失、气候变化、土地利用变化等自然和人为因素的干扰。因此，土壤有机碳影响因素主要包括气候因子（温度、降水）、土壤物理化学特性（黏粒含量、pH 值、CEC）及农业管理措施（土地利用等）（杨景成等，2003；张国盛等，2005；Lal et al.，2004；刘云慧等，2005）。把握土壤有机碳的影响因子是准确预测土壤有机碳在全球变化情景下对大气 CO_2 的源/汇方向及准确评估碳收支的关键。正确理解土壤有机碳的变化过程，明确关键影响因子，有助于正确评估土壤有机碳的变化方向和速率，对于准确地预测气候变化以及制定应对气候变化的措施具有重要的意义（周莉等，2005）。

（1）气候因素

气候因子在土壤有机碳的蓄积过程中起重要的作用，它影响植被生产力，进而决定土壤有机碳的输入量。土壤水分和温度等条件变化影响微生物有机碳的分解和转化（Davidson et al.，2000；刘守赞，2005）。土壤微生物活动的最适宜温度范围大约为 25~35℃，超出这个范围，微生物的活动就会受到明显的抑制（黄昌勇，2000）。国际上土壤呼吸的许多研究已经证实土壤呼吸与土壤温度呈正相关（Nakane et al.，1984；Mathes，1985；刘绍辉，1997；Yanovsky et al.，1998）。温度对土壤有机碳蓄积量的影响主要是对土壤呼吸、凋落物分解、根系分解影响等方面。McHale et al.（1985）发现CO_2通量随着土壤温度呈指数增加，微生物对温度增加为非线性反应。关于温度对土壤有机碳蓄积潜力的影响也存在不确定性，一些研究得出温度升高土壤呼吸速率加快（吴建国，2002），一些研究认为土壤升温一段时间后，其呼吸速率将不再增加，土壤生态系统对温度升高产生了某种适应性，土壤中老的有机质对温度不敏感，温度并不影响土壤有机质的分解（于贵瑞，2003）。

降雨是调整陆地碳循环的重要驱动力之一（Zhou et al.，2009），研究表明，陆地土壤碳密度一般随降水增加而增加，在相同降雨量时，温度越高则碳密度越低，温度和降雨的综合作用决定了陆地土壤碳密度分布的地理地带性（Post et al.，1982；Hontoria et al.，1999；Trumbore et al.，1996）。Post et al.（1982）对全球不同生命带的陆地碳密度的研究发现，最高碳密度在冻原（$36kg/m^3$），而最低碳密度则在干旱高温的暖温带沙漠（$1.4kg/m^3$）。林心雄（1998）研究认为我国寒温带针叶林下土壤有机碳的含量最高，达$73g/kg$；而在荒漠草原土壤有机碳的含量仅为$3.6g/kg$。王彦辉等（1999）研究发现：有机质分解速率在很大程度上受被分解物本身的组成结构和环境条件控制，其中含水量起着决定性作用；过分干燥使土壤有机质分解速率明显降低；含水量过多会出现缺氧，使微生物的活性受到限制，最佳含水量范围是被分解物饱和含水量的70%~90%。

气候变暖是全球变化的主要标志，由此引起的温度与湿度的变化必将对土壤有机碳产生重要影响，对有机碳的储量和转化以及环境变化产生深远的影响。气候变暖影响土壤有机碳主要有两条途径：一是影响植物的生长，改变植物残体向土壤的归还量；二是影响有机碳分解的速率，改变土壤中有机碳的释放量（Jenkinson et al.，1991）。Jenkinson et al.（1991）根据Rothamsted模型模拟结果估计，如果全球温度每年升高0.03℃，全球土壤在未来的60a将从土壤有机质中增加CO_2排放61Gt；Trumbore et al.（1996）研究也认为，较小的温度变化（±0.5℃）会使土壤成为大气CO_2重要的源或汇，在温度升高0.5℃后的第一年，森林土壤会释放约1.4Gt的碳（相当于每年燃烧化石燃料释放的碳的25%），在全球范围内温度升高0.5℃会使处于稳定状态的土壤碳库下降约6%。此外，大气中温室气体浓度的变化会导致植物对大气CO_2的吸收的变化，因此，大气CO_2浓度也间接地影响土壤碳

循环(李玉强等，2005)

（2）植被因子

植被类型不同，有机质进入土壤的量及方式也不同，有机碳的分布状况也有很大差异。森林的枯枝落叶一般在地表分解，而草原土壤有机碳的主要来源是植物残根，由于埋深较深，其分解速率较小，因而导致草原土壤有机碳密度往往比森林土壤的要高；对于耕作土壤，由于作物秸秆在收获时移出、地温和淋溶损失较高、作物残体分解能力弱等原因，其有机碳密度较森林土壤小(苏永中等，2002)。土壤有机碳主要来源于植被在地上部分的凋落物及其地下部分根的分泌物和细根周转产生的碎屑，因此植物残体的特性成为影响土壤有机碳蓄积的重要因素。新鲜有机物质比干燥秸秆易于分解。有机物质组成的碳氮比对其分解速度影响很大(黄昌勇，2000)。例如，氮素循环对土壤有机碳的蓄积和积累十分重要，增加碳氮比会导致碳素的损失，以保持一定比例的碳氮比的稳定，因此通过氮素的分配可改变植被和土壤中有机碳的含量。同样，缺乏硫、磷等元素和养分也会同样抑制土壤有机质的分解。碳与其他养分元素在生物地球化学循环过程中，互相耦合，增加或减少凋落物数量及土壤有机质将影响养分循环，碳也通过碳酸及碳酸淋溶影响土壤而影响养分循环，碳通过影响土壤物理性质、离子交换性及氮有效性而影响养分循环，养分增加通过影响生产力和有机质稳定性影响土壤有机碳蓄积量(吴建国，2002)。

气候因素主要影响土壤有机碳的水平分布特征，但在土壤剖面上的垂直分布则主要受植被类型的影响。据 Jobbágy et al.（2000）研究认为，灌木、草原和森林土壤表层 20cm 有机碳占 1m 深度土层中有机碳的百分比分别为33%、42%和50%，其与植被类型显著相关。Berger et al.（2002）根系的垂直分布(如深根系、浅根系)直接影响输入到土壤剖面各个层次的有机碳数量；而且随土层深度的增加分解者的活动减弱，导致植物碎屑在土壤中的位置越深，其分解也越慢。Jobbágy et al.（2000）还发现，从全球及生物群区水平来说，植被根系的分布比土壤有机碳的分布要浅。

（3）土壤理化特性

气候和植被在较大范围内影响土壤有机质的分解和积累，而土壤理化特性在局部范围内影响土壤有机碳的含量(黄昌勇，2000)。土壤物理化学性质、母质类型及土壤环境如地形地貌特征等都是影响有机碳含量及稳定性的重要因素，如土壤中黏土含量也被认为是对有机碳积累的积极因素（Paul et al.，2002；Tan et al.，2004；Laganiere et al.，2010）。黄昌勇（2000）研究也发现土壤质地对有机质的有显著影响，土壤有机质与粉粒和黏粒含量具有极显著的正相关，黏质土和粉质土壤通常比砂质土壤含有更多的有机质。这主要反映在粉粒对土壤水分有效性、植被生长的正效应及其黏粒对土壤有机碳的保护作用。土壤水分对有机质分解和转化的影响是复杂的，一方面微生物的活动需要适量的土壤水分；另一方面过多的水分使进入土壤的氧气减少，从而影响土壤有机物质的分解过程和产物。Dalal et al.（1986）发现土壤有机碳含量与土壤黏粒含量之间有很好的正相关性。一些研究证实，在土壤水分充足的情况下，水分不会成为限制因子，土壤含水量对土壤呼吸综合影响较小，而在水分含量成为限制因子的干旱、半干旱地区，水分含量与土壤温度共同起作用（Mathes et al.，1985；Yanovsky et al.，1998）。吴建国（2002）研究认为土壤中粉粒、黏粒和沙粒与有机碳结合，导致有机碳的稳定性各有不同。其他土壤特性，如粘土矿物类型、pH值、物理结构及其养分状况等均会影响有机碳在土壤中的蓄积，不同类型的矿物对土壤有机碳的保护作用也存在差异。此外，土壤 pH 值和 $CaCO_3$ 含量对土壤有机质含量也有重要影响（方华军等，2003），刘留辉等（2007）研究表明，在其他土壤性质一致的条件下，土壤 pH 值改变也可影响土壤有机碳的分解。阳离子交换量作为衡量土壤保肥能力强弱的一个重要指标，与土壤有机碳含量呈正相关关系（王文艳等，2012）。

（4）人为因素

一方面，土地利用方式的改变将导致覆被类型的变化，覆被类型的变化不仅直接影响土壤有机碳的含量和分布，还通过影响与土壤有机碳形成和转化有关的因子而间接影响土壤有机碳（王艳芬等，1998）；另一方面土壤有机碳也是反映土地质量的重要指标，受自然为人为因素的综合影响，其中土地利用、覆盖和管理方式的变更是最直接的驱动因子（Feng et al.，2002；Lal et al.，2003；王涛等，2003）。据估计，从 1860—1890 年美国的"拓荒农业效应"（pioneer agriculture effect）释放到大气中的碳为 60Gt，相当于 1950 年前所有工业（主要是化石燃料使用）释放的碳的 1.5 倍（Wilson，1978）。Eswaran et al.（1993）研究表明，毁林或改变林地利用现状都会造成多至 20%~50% 的有机碳损失，作物残留物管理方式、轮作体系、耕作制度等对土壤有机碳储量及转化也会产生较大影响。在干旱区，休闲或撂荒对土壤有机碳的积累也会产生较大的负效应（Bowman，1999）。耕作、施肥、灌溉等人为耕作措施，对土壤有机质的输入、分解及养分的矿化过程都产生影响，也影响着土壤微生物量及其活性，从而影响土壤有机碳的动态（杨景成等，2003）。我国内蒙古草甸草原植被下的黑钙土不同层次有机碳因农垦损失 34%~38%（王艳芬等，1998）；河北坝上地区简育干润均腐土开垦 8a 后 0~20cm 耕层土壤有机碳含量从 21.2g/kg 下降到了 9.6g/kg，减少了 54.74%，开垦 50a 后下降到了 5.7g/kg（肖洪浪等，1998）。放牧条件下，群落物种组成的改变不仅影响有机碳输入的数量，也影响输入土壤的有机碳的化学质量，从而影响到有机碳在土壤中的蓄积。Holt（1997）对澳大利亚东北部两类半干旱草原的研究结果表明，重度放牧 6~8a 后对土壤有机碳的总储量没有显著影响，但土壤微生物中的碳储量（active carbon）分别降低了 51% 和 24%。我国锡林浩特羊草草原经过 40a 的过度放牧，土壤有机碳的损失达 12.4%（李凌浩，1998）。土壤有效碳库对农田管理措施变化比总的有机碳库有更大敏感性，而且土壤有效碳库在调节土壤碳素和养分流向方面有重要作用，与土壤潜在生产力关系密切，从而探求全球变化的情景下土壤有效碳库的动态将有更深远的意义（周莉等，2005）。此外，杨黎芳等（2007）发现，在钙源充足的条件下，无机碳与有机碳呈正相关关系，说明在人类活动驱动下可以显著改变土壤碳动态。

1.1.2 土壤无机碳储量分布及影响因素研究进展

1.1.2.1 土壤无机碳储量及分布特征

土壤无机碳库包括土壤溶液中 HCO_3^-、土壤空气中 CO_2 及土壤中淀积的 $CaCO_3$，而土壤无机碳的含量以 $CaCO_3$ 占绝对优势。目前尽管已经对土壤有机碳库在全球碳循环中的地位及其随环境变化的动态演变有所认识，但对土壤无机碳，尤其是呈土壤发生性次生碳酸盐形式存在的无机碳研究相对较少（潘根兴，1999b）。其原因是与有机碳相比，自然界中无机碳相对稳定、更新缓慢，常以百年为尺度周期，在碳循环中占较轻的地位（Díaz-Hernández，2010）。全球无机碳库估算的不确定性很大（表 1-3）。这些估计之间差异大的原因可能是没有能力区分土壤中的发生性和岩生性碳酸盐

（Eswaran et al., 2000；Mermut et al., 2000）。大多数常规化学方法测定土壤样品碳酸盐总量没有考虑碳酸盐的起源，在土壤分析中评估为"总碳酸盐"，因此，无机碳库可能估算过高（杨黎芳等，2011）。土壤无机碳主要分布在干旱和半干旱地区，其无机碳储量分别占无机碳总储量的 77.8% 和 14.2%，干旱和半干旱地区无机碳储量约占总碳储量的 35.1%，这说明无机碳库是干旱区及半干旱区土壤总碳库中的重要组成部分（Eswaran et al., 2000）。此外，Eswaran et al.（2000）还发现温带地区无机碳储量约占总储量的 55.1%，土纲中干旱土、新成土和软土土纲的无机碳储量分别占无机碳总储量的 48.5%、28.0% 和 12.3%。

表 1-3　全球土壤无机碳储量估算

数据来源	无机碳储量（Pg）
Schlesinger（1982）	780~930
Sombroek（1993）	720
Batjes（1996）	695~748
Eswaran et al.（1995）	1738
Eswaran et al.（2000）	947
Lal（2001b）	950~1100

国内在无机碳库研究方面，目前的研究资料还相对缺乏，土壤无机碳储量估算见表 1-4。潘根兴（1999a）以《中国土种 1~6 卷》的 2500 多个土种的剖面分析资料为依据，统计计算得到我国土壤无机碳储量约为 60Pg，土壤总碳库为 110Pg，且土壤无机碳库主要分布在西北和华北地区。秦小光等（2001）研究发现：中国黄土碳库的主要形式是无机碳库，约 850Pg，总碳库约为 1047Pg。Feng et al.（2002）估计中国沙漠化地区土壤无机碳为 14.91Pg，土壤有机碳为 7.84Pg，土壤无机碳储量为土壤有机碳储量的 1.8 倍。Wu et al.（2003）和 Mi（2008）基于全国第二次土壤普查数据，分别估算中国土壤无机碳储量为 55.3Pg 和 53.3±6.3Pg。根据全国第二次土壤普查资料估算值约为，与潘根兴（1999a）发表的 60Pg 估算结果接近；Li et al.（2007）采用中国土壤资源调查数据估算值（1m）为 77.9Pg，明显高于前两者的报道值。从目前的研究结果看，有关全国的碳储量估算结果中土壤无机

碳库估算值低于土壤有机碳库的估算值。由于无机碳库的更新时间更长，作为碳储存形式对于减少大气 CO_2 浓度的长期效应不可忽视。

表 1-4　中国土壤无机碳库量估算

估计值(Pg)	估计方法	数据来源
60.0	中国土种志 2500 种土种，以土壤厚度加权的平均无机碳含量	潘根兴(1999a)
55.3	第二次土壤普查资料，34411 个剖面统计分析	Wu(2003)
77.9	中国土壤资源数据库 2456 个剖面，8714 个土壤诊断层统计分析	Li(2007)
53.3	第二次土壤普查资料，1697 个土壤剖面，按 1km×1km 网格统计分析	Mi(2008)

1.1.2.2　土壤无机碳的组成与来源

土壤无机碳包括固、液、气三相。固相主要是碳酸盐，来源于土壤母质、富含碳酸盐的气载尘埃、地下水、植物残体和人为活动带入等，其中，石灰性母质和风积灰尘是其主要来源(于天仁等，1990)；液相包括二氧化碳、碳酸、重碳酸以及碳酸根离子，来源于 CO_2 与水反应生成的富含 H_2CO_3 和 HCO_3^- 的溶液；气相是二氧化碳，来源于土壤呼吸产生的 CO_2 以及土壤剖面上部混入的大气 CO_2。在排水条件良好以及土壤 pH>6.5 时，相对于固相而言，土壤液相和气相中的无机碳数量总和是微不足道的，因此土壤无机碳主要指土壤中的各类碳酸盐(Monger 等，2002)。

从来源上看，土壤碳酸盐主要包括岩生性碳酸盐(lithogenic carbonate)和发生性碳酸盐(pedogenic carbonate)(Kouhut et al.，1995)。其中，岩生性碳酸盐又称原生碳酸盐(primary)指来源于成土母质或母岩、未经风化成土作用而保存下来的碳酸盐；土壤发生性碳酸盐又称次生(secondary)碳酸盐(潘根兴，1999b)，是指在风化成土过程中形成的碳酸盐，通过碳酸盐的溶解和淀积形成的。在发生性碳酸盐形成过程中通过一系列的化学反应可以固定大气中的二氧化碳(Feng et al.，2001；Scharpenseel et al.，2000)。碳酸盐的淋溶、淀积过程导致大气中的二氧化碳固定在陆地中。$CaCO_3$ 沉淀于干旱、pH 值较高及 CO_2 分压较低的土壤环境中，含钙矿物的分化以及外部环境提供的 Ca^{2+} 都能促进 $CaCO_3$ 的形成。因而土壤碳酸盐的形成与转化控制着土壤无机碳的固定和淋失(Emmerich et al.，2003；Denef et al.，2008)。另外，土壤中游离碳酸钙影响土壤团聚体的状况、微生物活性、土壤 pH

值、有机质的分解速率,进而影响土壤有机碳库(潘根兴等,1999b;李忠等,2001)。因此,研究碳酸盐形式的土壤无机碳的含量及其剖面分布特征,对精确估算土壤碳库的储量和正确评价土壤在陆地生态系统碳循环及全球变化中的作用具有重要的意义。

1.1.2.3 土壤无机碳的形成及其影响因素

土壤发生性碳酸盐形成的机理很多,但其形成的最基本原因是有利于碳酸盐淀积的土壤水分运动的有限深度以及较高的季节性蒸散(Birkeland et al.,1999),淀积过程发生在干旱、半干旱地区的整个历史时期,淀积速率最大的时期是土壤水分和根系活力同时较低的季节性干旱阶段。土壤碳酸盐形成可以用下面5种成因机理模型和土壤碳酸盐积累的形态学发育阶段来描述(Monger et al.,2002)。

(1)下降成因模型

下降成因模型是由向下移动的大气水形成的碳酸盐,在土壤剖面上部,水通量大、土壤呼吸产生的 CO_2 增多以及 pH 值降低,土壤碳酸盐溶解增强。Marion 等(1994)和段建南(1999)用随机的降水量、蒸散、化学热力学、土壤参数以及水分运动模拟了 $CaCO_3$ 淀积。

(2)上升成因模型

上升成因模型是自下而上的运动所形成的碳酸盐。当土壤表层变干时,毛管水转变为上升方向,从温度低的下层土壤向温度高的上层土壤移动,温度升高使土壤水中释放出原来溶解的 CO_2,同时蒸散和湿溶锋末端变干使 Ca^{2+} 和 CO_3^{2-} 的浓度可能超过了 $CaCO_3$ 的溶度积,重碳酸盐变为碳酸盐,并沉积在毛管水由下降改变为上升的位置。除了毛管运动外,化学研究表明植物也可以从心土层、岩石和地下水向上运输 Ca^{2+} 到陆地表面,从而促进碳酸盐形成(杨黎芳等,2011)。

(3)生物成因模型

生物成因模型土壤生物例如植物、微生物和白蚁等也形成碳酸盐。入侵的绿柄桑树(*Milicia excels*)可在非洲象牙海岸的氧化土中形成碳酸钙结核,这与土壤中草酸盐的生物氧化进而提高土壤的 pH 值有关(Cailleau et al.,2005)。蚯蚓可通过其钙腺形成 0.25~2mm 大小的碳酸钙结核(Canti et al.,1998)。

（4）冻结模型

土壤中存在着 CO_2—HCO_3—$CaCO_3$ 平衡体系，当土壤中 CO_2 分压降低，土壤变干，pH 值升高，富钙矿物风化释放 Ca^{2+} 或外部来源提供给土壤溶液 Ca^{2+} 形成 $CaCO_3$ 的过程将蓄存碳。在土壤冻结过程中，由于土壤呼吸速率几乎为零，HCO_3^- 浓度增加，从而促进了碳酸盐的淀积（Cerling et al.，1984）。

（5）原地成因模型

原地成因模型是由海相碳酸盐组成的基岩原地溶解和再淀积所形成。这个模型也适用于含钙火成岩原地化学风化形成的碳酸盐。

（6）土壤碳酸盐积累的形态学发育阶段

土壤碳酸盐的形态学特征一般反映了气候和时间的联合作用，如果母质的来源和特性一致，并有 $CaCO_3$ 不断地补充到土壤溶液中，那么发育成熟的土壤具有逐渐增多的碳酸盐。因此，土壤碳酸盐是重要的年代学指标。Gile et al.（1981）以及 Machette（1985）提出了沙漠气候和干旱—半干旱气候条件下碳酸盐形成的形态发育阶段模型，该模型将土壤碳酸盐发育分为 I ~ VI 阶段。

干旱区土壤无机碳库及其转化速度较慢，然而对表层农业土壤而言，土壤无机碳含量受耕作、施肥及灌溉等人为耕作活动影响，其来源、组成及转化速率都发生较大变化（杨黎芳等，2006；赵成义等，2009）。受耕作时间影响，灌溉土壤无机碳中岩生性碳酸盐碳的比例可能相对较低，而非灌溉土壤中无机碳主要以岩生性碳酸盐碳为主（Philippe et al.，2008）。Wang et al.（2010）对 5 种生态系统中无机碳含量的剖面分布特征进行研究，发现土壤无机碳含量与剖面深度呈显著正相关。

1.1.3　土壤碳—景观模型研究进展

近年来，国内外学者试图将数字地形分析，GIS 技术和土壤调查技术相结合，通过对景观信息的分析预测土壤信息。土壤碳-景观模型的基本理论是基于土壤发生理论，将土壤碳的含量视为气候、地形、母质、生物和时间综合作用的产物，因此可以从某地的环境状况推导得到土壤的碳密度，可以通过公式表示为：

$$C = f(Cl, Og, Pm, Tp, t) \tag{1-1}$$

式中　Cl——气候因子；

　　　Og——生物因子；

　　　Pm——母质因子；

　　　Tp——地形因子；

　　　t——时间（Hole et al.，1985；Zhu et al.，1996）。

公式（1-1）显示了土壤碳和环境之间的一般关系，但是这只是土壤景观模型研究的范式（paradigm），但缺乏具体细节（Hudson，1992）。GIS的发展为量化的土壤—景观模型的发展提供了便利的根据。各国土壤学家在定量的土壤-景观模型的建立和土壤性质的空间预测方面进行了大量的研究，大部分模型都在GIS环境下集成了数字地形分析技术和多元统计方法，它们的区别在于采用了不同的数学模型。各类研究中，基于统计方法的模型的应用较为广泛。统计模型通过对观测得到的土壤信息与观测位置的景观信息进行分析建立模型，然后对模型进行验证，通过验证的模型可以从未观测位置的景观信息预测土壤信息。主要包括线性回归模型、回归树模型、模糊聚类模型、协同克里格模型、回归克里格模型、地理加权回归和人工神经网络模型等。

（1）线性回归模型（linear regression model）

简单线性回归和多元线性回归分析被认为是研究土壤性质和景观性质之间关系的基本分析工具，在土壤—景观模型的建立中应用最为广泛，是建立量化的土壤—景观方程的基础。线性回归模型建立的基本过程是：首先通过探索性分析（exploratory analysis）或相关分析来确定土壤属性和景观属性之间的关系。然后以土壤性质为因变量，景观性质为自变量进行回归分析。Moore et al.（1993）对地形性质（坡度和湿度指数）和土壤性质（A层厚度、有机质、pH值、有效磷、粉粒和砂粒含量）进行了逐步回归分析，发现土壤—景观间存在显著相关，并得到了土壤性质和地形性质之间的回归方程，利用方程预测区域内的土壤性质，预测结果和观测结果吻合良好。Gessler et al.（1995）随后在澳大利亚继续开展了这项工作，并对方法进行了发展，来预测土壤A层厚度，土体深度等。King et al.（1999）利用地形性值预测土壤层次的出现频率的研究采用了非线性的logistic方程，基本过程与线性回归相似。Thompson et al.（2001）建立地形属性和划分旱地与湿地的指数之间的回归模型，用来估计湿地的空间范围。蔡呈奇等（2001）在台湾南部建立了土壤厚度和地形因子之间的线性回归方程预测土壤厚度。

（2）回归树模型（regression tree model）

回归树模型通过将数据集不断细分为均匀子集进行拟和得到决策树，回归得到的决策树表示景观性质和土壤性质之间的关系，可以用来从景观数据预测土壤性质。回归树模型的优点在于它能较好地处理非加和性和非线性关系，最大缺点在于缺乏广泛接受的统计推断过程，应用受到很大的限制。Pachepsky et al.（2001）采用回归树的方法根据地形属性（坡度和曲率）预测了土壤砂和粉砂含量。Laganiere et al.（1997）采用 CART 方法进行了土壤分类，并评价了其对误差的敏感性。Bui et al.（2003）利用这种方法编制了东澳大利亚和全澳大利亚的土壤分布图。

（3）模糊聚类模型（fuzzy clustering model）

土壤是一个连续统一体，在多数情况下，土壤的空间变化是连续的，但是在传统的土壤图中，土壤被图斑界限分割，每个图斑内的土壤被认为是均质的，变异只发生在边界上。模糊聚类用连续划分的模糊隶属度代替了传统模型中非此即彼的二值假设。模糊聚类方法是一种根据分析对象的本身性质进行自动分类的方法，通过对景观性质的聚类可以得到景观类型的中心和对这些景观类型的模糊隶属度（fuzzy membership），然后通过对土壤类型或性质与隶属度之间的相关关系，来预测土壤性质或属性（Bruin et al.，1998；Lark，1999）。Bruin et al.（1998）研究发现模糊聚类得到的隶属度和表土黏粒含量之间存在较好的相关性。Lark（1999）的研究则表明，土壤性质和由地形性质计算的模糊隶属度之间的相关性强于土壤性质和地形性质之间的相关性，这说明模糊聚类方法可以表示土壤属性与地形性质之间的复杂的非线性关系。

（4）协同克里格模型（co-kriging model）

地统计学方法已经在土壤研究中得到广泛的应用，传统的线性地统计学（普通克里格法、泛克里格法等）根据单变量的空间自相关性得到变量的线性预测值，忽略了土壤—景观的相关关系。新的多元地质统计学的发展改善了地统计学处理在同一空间域中同时具有统计相关和空间相关关系的多个变量的能力（Chaplot et al.，2000）。协同克里格法是多元地统计学的基本方法，分为同质协同克里格（isotopic co-kriging）和异质协同克里格

(heterotopic co-kriging)，前者只从有限的观测点进行预测，后者充分利用了周围的地形信息。Chaplot（2000）的研究表明，异质协同克里格模型的预测结果优于线性回归模型。协同克里格方程的计算过程非常复杂，并且需要建立在大量测定数据的基础上，这也限制了它的使用。还有研究表明协同克里格由于考虑了变量之间的交叉相关性，故较普通克里格能更准确的预测结果（Triantafilis et al.，2001；Sabit，2003）。

（5）回归克里格模型（regression kriging model）

20 世纪 90 年代中期，人们开始尝试将基于参数关系的统计方法与基于空间自相关的统计方法进行结合，从而产生了回归克里格插值（Knotters et al.，1995；Odeh et al.，1995）。赵永存等（2005）运用回归克里格、泛克里格及多元线性回归三种模型结合地形因子预测了河北省土壤有机碳密度的空间分布，结果显示回归克里格模型预测效果最好，泛克里格次之，多元线性回归方法结果最差。耿广坡等（2011）利用回归克里格方法，分析小流域土壤有机质和全氮的空间分布特征，结果显示回归克里格预测结果优于普通克里格结果。

（6）地理加权回归模型（geographically weighted regression）

Wang et al.（2013b）选择海拔、土壤侵蚀、土地利用、样点到河流距离及坡度等为参考因子，利用地理加权回归模型预测了福建龙岩市某地区的有机质空间分布，并与普通线性回归预测结果相比较，结果显示地理加权回归模型的决定系数较高，预测效果较好。Kumar et al.（2012）运用地理加权回归模型和克里格相结合的方法——地理加权回归克里格（GWRK），基于温度、降水、高程、土地利用等环境因素预测了美国宾夕法尼亚州土壤有机碳储量，结果显示该方法较回归克里格预测的结果误差更小。张文娟（2006）运用地理加权回归模型，利用气象数据和土壤调查数据分析中国陆地生态系统土壤有机碳储量的空间变异性，获得了模型估计参数的空间分布信息，及有机碳储量与气候因子、地形因子之间的相关性。

（7）人工神经网络模型（artificial neural network）

通过调整因子权重使期望值和神经网络输出值的均方差趋于最小的方法来模拟人脑神经元的学习过程。神经网络可更为有效地解决土壤形成的非线性问题。它既可以确定土壤属性，也可以预测土壤类型。Minasny et al.

（2002）通过 Pedotransfer 函数预测水力传导度。Chang et al.（2000）根据多时相的遥感亮温和土壤水分图预测土壤的质地。Fidencio et al.（2001）采用径向基函数（radial basis function networks）和自组织映射（self-organising maps）方法对巴西圣保罗地区的土壤类型进行了分类。采用神经网络方法进行土壤制图，对于选择网络节点数、初始权值和学习步长等问题都需要进行更深入的探讨。

第2章

新疆土壤碳库数据
来源与建模

2.1 新疆土壤碳数据来源与处理

2.1.1 土壤有机碳/无机碳数据来源

本研究数据主要源自新疆地区第一次（1960s）和第二次（1980s）土壤普查资料及野外土壤调查数据，剔除异常数据后得到641个土壤剖面有机碳/无机碳含量数据资料，由于本研究主要探讨不同生态类型区碳库的储量及分布特征，因而忽略时间变化对碳库的影响。其中，第一次土壤普查资料中土壤有机碳和无机碳剖面点各有186个和191个，第二次土壤普查中土壤有机碳和无机碳剖面点各有437个和444个，2013年野外调查土壤剖面点6个。两次普查中，土壤剖面按照土壤发生层采样，层次及深度参差不齐，为便于对比分析，本研究将土壤剖面的深度统一为0~100cm，根据剖面层次厚度加权平均的方法（Sun et al.，2003；杨黎芳等，2007），将土壤剖面发生层次土壤碳数据转换为等间隔深度的土壤剖面层次（0~10cm；10~20cm；20~40cm；40~60cm；60~80cm；80~100cm）数据。有机碳含量按照有机质含量乘以0.58（Bemmelen换算系数）得到（Evrendilek et al.，2004；Liu et al.，2006），无机碳的含量用碳酸钙中碳的摩尔分数（0.12）来表示（Mi et al.，2008）。

野外调查土壤剖面点的设置是为了全面认识新疆土壤碳含量的空间分布特征，增加区域控制点，于2013年8月9日沿新疆和田地区民丰县至库尔勒轮南镇的沙漠公路挖掘了6个土壤剖面点，从而补充了塔里木盆地中心沙漠区域的土壤剖面点。分6层采集土壤剖面（0~100cm）样品，样品经风干、粉碎过筛后，测定土壤有机碳和碳酸盐相当物的含量。土壤有机碳采用重铬酸钾外加热法测定，土壤无机碳采用气量法测定(鲍士旦，2008)。

2.1.2　环境变量的选择

土壤是由自然条件(母质、气候、生物、地形与时间)和人为影响共同作用而形成的，是不均一且变化的空间连续体，具有十分复杂的空间变异性。选择相关环境因子作为辅助变量的土壤性质空间分布预测方法，在不同程度上考虑了环境因子对土壤性质空间分布的影响(Thompson et al.，2006)，其预测精度较仅基于样点数据进行空间内插的方法有明显的提高(Phachomphon et al.，2010；Shi et al.，2011；陈锋锐等，2012；Li et al.，2013b；李启权等，2013)。因而，在土壤性质空间分布预测过程中，各类环境辅助变量被广泛应用(Sumfleth et al.，2008；杨琳等，2010；Shi et al.，2011；Li et al.，2013b)。为提高预测精度，全面探寻新疆土壤有机碳和无机碳的空间分布规律，本研究综合考虑新疆"三山夹两盆"的地形地貌特征，不同纬度带的植被特征，全区气象特点及土地利用情况等驱动因子，分别提取地形因子、气候因子、植被指数及人为影响因子，定量预测并估算新疆土壤有机碳和无机碳储量。

2.2　新疆土壤碳研究方法

2.2.1　土壤碳储量估算模型原理

2.2.1.1　土壤容重估算

土壤容重数据对于土壤碳储量估算至关重要，由于土壤普查数据中各剖面点没有完整的土壤容重数据，采用 Manrique et al.(1991)建立的传递函数来估计土壤的容重，对不同层次的容重数据进行克里格插值后提取所有观测点各层次的容重值。

$$\rho = 1.66 - 0.308\sqrt{SOM \times 0.58} \qquad (2\text{-}1)$$

式中　ρ——土壤容重，g/cm^3；

　　　SOM——土壤有机质，%。

2.2.1.2　土壤剖面碳含量估算

土壤有机碳与无机碳剖面点(0~100cm)平均含量的计算采用厚度加权

平均的方法(Sun et al., 2003), 计算公式如下:

$$SOC = \frac{\sum_{i=1}^{n} \frac{SOM_i}{100} \times 0.58 \times T_i}{\sum_{i=1}^{n} T_i} \tag{2-2}$$

$$SIC = \frac{\sum_{i=1}^{n} \frac{CA_i}{100} \times 0.12 \times T_i}{\sum_{i=1}^{n} T_i} \tag{2-3}$$

式中　SOC 和 SIC——分别为土壤剖面(0~100cm)有机碳的平均含量和无机碳的平均含量, g/kg;

　　　T_i——第 i 层的土壤厚度, cm;

　　　n——土壤剖面包含的土壤层次数;

　　　SOM_i——第 i 层的土壤有机质含量,%;

　　　CA_i——土壤剖面中第 i 层的碳酸盐含量,%。

2.2.1.3　基于定性数据的碳储量估算

本研究选用的定性数据为新疆第二次土壤普查绘制的 1:100 万土壤类型图, 碳储量估算主要分以下两个步骤: 第一, 计算每个土壤剖面的有机碳和无机碳的平均密度(式 2-4、2-5)(Evrendilek et al., 2004; Wang et al., 2010); 第二, 根据土类图斑面积, 计算土壤有机碳和无机碳的平均密度。土壤普查资料中有机质及碳酸盐都是以质量分数的数据形式记录, 因而每个土壤剖面中有机碳密度($SOCD$)和无机碳密度($SICD$)的计算方法如下:

$$SOCD = \sum_{i=1}^{n} (1 - \theta_i\%) \times \rho_i \times \frac{SOM_i}{100} \times 0.58 \times T_i \div 10 \tag{2-4}$$

$$SICD = \sum_{i=1}^{n} (1 - \theta_i\%) \times \rho_i \times \frac{CA_i}{100} \times 0.12 \times T_i \div 10 \tag{2-5}$$

$$SOCS = \sum_{j=1}^{m} \text{area}_j \times SOCD_j \tag{2-6}$$

$$SICS = \sum_{j=1}^{m} \text{area}_j \times SICD_j \tag{2-7}$$

式中　$SOCD$——土壤剖面有机碳密度, kg/m^2;

　　　$SICD$——土壤剖面无机碳密度, kg/m^2;

θ_i——第 i 层中的砾石（>2mm）含量，%；

ρ_i——第 i 层的土壤容重，g/cm^3；

SOM_i——第 i 层的土壤有机质含量，%；

CA_i——土壤剖面中第 i 层的碳酸盐含量，%；

T_i——第 i 层的土壤厚度，cm；

n——土壤剖面包含的土壤层次数；

m——不同土壤类型的数量；

公式最后除以 10——将单位 g/cm^2 转换为 kg/m^2；

$SOCD_j$——第 j 个土壤类型区 1m 土体的有机碳密度，kg/m^2；

$SICD_j$——第 j 个土壤类型区的 1m 深度的平均无机碳碳密度，kg/m^2；

$area_j$——第 j 个新疆土壤类型面积，m^2；

$SOCS$ 和 $SICS$——分别代表有机碳和无机碳储量，kg。

2.2.1.4　基于定量数据的碳储量估算

选取精度最高的定量预测模型对新疆土壤有机碳和无机碳进行定量预测，依据空间分布图，运用地理信息系统空间分析模块，统计整个研究区的栅格数值，并求和得到新疆全区土壤有机碳和无机碳的预测储量。

2.2.2　土壤碳储量的空间预测模型原理

2.2.2.1　普通克里格模型

克里格插值又称空间局部估计或空间局部插值（Vulcan et al.，1983），是建立在变异函数理论及结构分析基础上，利用区域化变量的原始数据和变异函数的结构性，对未知点区域化变量的取值进行线性无偏最优估计的一种方法，是地统计学中应用最广的最优插值方法。克里格插值法与一般的估计方法相比，其优点在于最大限度地利用了空间取样所提供的各种信息（李志斌，2010）。该方法既能考虑插值点自身的属性值和邻近点的影响，也能参考插值点与邻近点、邻近点之间的空间位置关系，通过对已知样本点赋权重来求得未知点的值，计算公式为：

$$Z^*(x_0) = \sum_{i=1}^{n} \lambda_i Z(x_i) \tag{2-8}$$

式中　$Z^*(x_0)$——预测估值点 x_0 处的估计值；

$Z(x_i)$——估值区域内某个变量的 n 个样点测定估计值；

λ_i——与 $Z(x_i)$ 位置有关的权重系数，权重系数取决于已知点的拟合模型、距离和预测点周围已知点的空间关系（Burgess et al.，1980）。

普通克里格（ordinary kriging，OK）是克里格插值法中的一种，是仅利用目标变量的空间自相关性对其自身的空间分布进行预测估值。普通克里格的点估计克里格方程组如下：

$$\begin{cases} \sum\limits_{i=1}^{n} \lambda_i C(X_i,\ X_j) - \varphi = C(X_i,\ X^*) \\ \sum\limits_{i=1}^{n} \lambda_i = 1 \end{cases} \tag{2-9}$$

式中 $C(X_i,\ X_j)$——样本点之间的协方差；

$C(X_i,\ X^*)$——样本点与插值点之间的协方差；

φ——极小化处理时的拉格朗日算子。

2.2.2.2 多元线性回归模型

多元线性回归（multiple linear regression，MLR）是应用较早，是经典的最小二乘回归方法（Moore et al.，1993），并且是应用非常广泛的预测方法，其表达式为：

$$y = a + \sum\limits_{i=1}^{n} b_i x_i + \varepsilon \tag{2-10}$$

式中 a——截距；

b_i——回归系数；

ε——残差。

Akaike Information Criterion（AIC）（Brunsdon et al.，2010）被用于决定多重线性回归方程中自变量的最适个数。

在土壤属性定量预测应用中，s 为土壤属性的列向量，Q 通常为各类环境因子向量。通过对已知样点土壤属性值与多个环境因子进行拟合多元回归方程就得到参数向量 b，进而预测未知区域土壤的属性值。

2.2.2.3 回归克里格模型

回归克里格（regression kriging，RK）（Hengl et al.，2004，2007）是一种

结合了回归模型和残差空间插值的混合空间建模方法。Hengl et al.（2004）建立了回归克里格模式，通过建立环境协变量和目标变量之间的回归方程，分离趋势项，然后对残差进行普通克里格插值，最后将回归预测的趋势项和残差的普通克里格估计值相加，从而得到目标变量的预测值。回归克里格方法的数学表达式为（Hengl et al.，2007）：

$$Z(s) = \sum_{j=0}^{m} \beta_i x_j(s) + \varepsilon(s) \tag{2-11}$$

式中　$Z(s)$——目标环境协变量，如地表温度、降水、土壤湿度等；

　　　$x(s)$——个环境协变量（如高程、坡度、坡向、斜率等）；

　　　$s = (x, y)$——二维空间坐标；

　　　β——待估计系数；

　　　$\varepsilon(s)$——目标变量与协变量回归后的残差项，服从均值为零的正态分布。残差在满足地统计学二阶平稳假设条件下，$\varepsilon(s)$ 的空间自相关特性可以通过协方差函数或变差函数图来定量表达。

2.2.2.4　地理加权回归模型

地理加权回归（geographically weighted regression，GWR）是 Fotheringham et al.（1996）提出的一种改进的空间线性回归模型，是对一般线性模型进行扩展，扩展后模型的参数是位置 i 的函数。区别于传统回归方法，GWR 方法的回归系数在空间上不是全局的（不变的），而是允许参数在空间区域上有一定的变化。GWR 模型基本形式如下：

$$y_i = \beta_0(\mu_i, v_i) + \sum_{j=1}^{k} \beta_k(\mu_i, v_i) x_{ij} + \varepsilon_i \tag{2-12}$$

式中　y——因变量；

　　　x——因子变量；

　　　ε——误差项；

　　　(μ_i, v_i)——第 i 个样点的坐标；

　　　$\beta_k(\mu_i, v_i)$——第 i 个样点上的第 k 个回归系数，是地理位置的函数。

GWR 模型中的系数估计采用加权最小二乘法实现，每个点的系数用矩阵形式表述为：

$$\hat{\beta}(\mu_i, v_i) = \left[X^T W(\mu_i, v_i) X \right]^{-1} X^T W(\mu_i, v_i) Y \tag{2-13}$$

式中 $W(\mu_i, v_i)$——$m \times m$ 的空间权重对角矩阵;

X——$m \times (n+1)$ 自变量矩阵;

Y——$m \times 1$ 因变量向量。

空间权重矩阵的估算由高斯函数来实现:

$$\begin{cases} W_{ij} = \left[1 - \left(\dfrac{d_{ij}}{h}\right)^2\right]^2 & d_{ij} < h \\ W_{ij} = 0 & d_{ij} \geq h \end{cases} \qquad (2\text{-}14)$$

式中 W_{ij}——空间已知点 j 去估计待测点 I 时的权重;

d_{ij}——被插值点 i 与样点 j 间的欧氏距离;

h——带宽。

该函数为距离衰减函数,离 I 点越近时观测值的重要性越大,反之则越小。当样点至待测点的距离等于或大于带宽时,权重都被赋予为 0。带宽采用最小 $AICc$ 信息准则进行判断(Brunsdon et al.,1998)。其表达式为:

$$AICc = -n\ln(\sigma') + n\ln(2\pi) + n[n + T_r(S)] / [n - 2 - T_r(S)] \qquad (2\text{-}15)$$

式中 n——数据点的数量;

σ'——误差项(估计标准偏差);

$T_r(S)$——帽子矩阵的迹(Fotheringham et al.,2003)。

2.2.2.5 地理加权回归克里格模型

地理加权回归克里格(geographically weighted regression kriging,GWRK)是地理加权回归模型的拓展,即地理加权回归基础上进行克里格插值,该方法综合考虑区域内解释变量和预测因素(环境变量)之间相互关系(Zhang et al.,2011a)。在此基础上,地理加权回归克里格将为不同位置的环境变量提供不同的权重。地理加权回归克里格的公式如下:

$$y_{GWRK}(u_i, v_i) = y_{GWR}(u_i, v_i) + \varepsilon_{OK}(u_i, v_i) \qquad (2\text{-}16)$$

式中 $y_{GWRK}(u_i, v_i)$——解释变量在位置(u_i, v_i)的预测值;

$y_{GWR}(u_i, v_i)$——通过 GWR 拟合模型,表达式同公式(3-12);

$\varepsilon_{OK}(u_i, v_i)$——克里格内插的残差值。

2.2.3 模型精度评价

本研究中采用调节决定系数($Adj\text{-}R^2$)、$AICc$ 准则、RSS 等指标对 MLR

和 GWR 模型的拟合结果进行评价。为比较 OK、MLR、RK、GWR 和
GWRK 的预测精度，在土壤有机碳和无机碳采样点数据中，随机均匀抽取
20%的样点作为验证样点。由验证点处土壤有机碳和无机碳密度的实际观测
值和预测值来进行精度评价，具体采用平均绝对误差（mean absolute
estimation error，*MAEE*），平均相对误差（mean relative error，*MRE*）和均方根
误差（root mean of squared error，*RMSE*）（Zhao et al.，2005；Thompson et
al.，2006）进行，*MAEE*，*MRE* 和 *RMSE* 的计算公式如下：

$$MAEE = \frac{1}{n} \sum_{i=1}^{n} |V_{oi} - V_{pi}| \tag{2-17}$$

$$MRE = \frac{1}{n} \sum_{i=1}^{n} \frac{|V_{oi} - V_{pi}|}{V_{oi}} \tag{2-18}$$

$$RMSE = \sqrt{\frac{1}{n} \sum_{i=1}^{n} (V_{oi} - V_{pi})^2} \tag{2-19}$$

式中　V_{oi}——第 i 个样点土壤有机碳/无机碳密度的估计值；

　　　V_{pi}——第 i 个样点的实际观测值；

　　　n——观测样点的总数。

平均绝对误差（*MAEE*）和均方根误差（*RMSE*）是对模型精度及稳定性的
度量，值越小说明模型的精度与稳定性越高；相对误差（*MRE*）为绝对误差
占观测值的百分比，对该指标进行分级统计后可以清楚地了解误差分布的
范围和趋势，因而该指标可以更有效地说明模型预测结果的准确性和可
靠性。

2.2.4　模型的实现

普通克里格（OK）、多元线性回归（MLR）、回归克里格（RK）、地理加
权回归（GWR）及地理加权回归克里格（GWRK）等模型的建模均在 ArcGIS
10.2 平台下实现，精度评价在 Excel 2010 环境中完成。半方差函数及空间
变异理论模型拟合利用地统计学软件 GS+7.0，ENVI 4.5 用来计算 *NDVI* 等
相关指数，传统的统计分析及多元线性回归分析运用 PASW Statistics 18.0
软件完成。

第3章

新疆土壤碳库剖面
分布特征

探寻新疆土壤有机碳和无机碳的剖面分布特征，进一步揭示干旱区土壤有机碳和无机碳的垂直分布规律及其影响因素对于中亚地区碳库动态变化研究具有重要意义。由于新疆区域面积较大，样点数据有限，从整个区域进行研究分析不足以体现新疆土壤有机碳和无机碳的垂直分布特征。并且，考虑岩性、气候、地形、植被等的差异，应研究不同地区不同生态系统的碳特征（杨黎芳等，2011）。因此，本研究参考《新疆生态功能区划》（艾努瓦尔等，2006）的区划特征，分析探讨不同生态区域内土壤有机碳和无机碳的垂直分布特征。该生态区划分以地貌特点、温湿状况和典型生态系统类型为依据，全疆划分为阿尔泰、准噶尔西部山地半干旱草原针叶林生态区（Ⅰ）；准噶尔盆地温带干旱荒漠与绿洲生态区（Ⅱ）；天山山地干旱草原—针叶林生态区（Ⅲ）；塔里木盆地暖温带极干旱沙漠、戈壁及绿洲生态区（Ⅳ）；帕米尔—昆仑山—阿尔金山干旱荒漠草原生态区（Ⅴ）5个生态区（图3-1）。

3.1 新疆不同生态区土壤剖面有机碳/无机碳含量及分布特征

新疆不同生态类型区土壤剖面各层次有机碳和无机碳含量的统计结果见表3-1。各生态类型区土壤有机碳含量的极大值都出现在剖面的表层（0~10cm或10~20cm），而无机碳的极大值都出现在60cm层次以下。

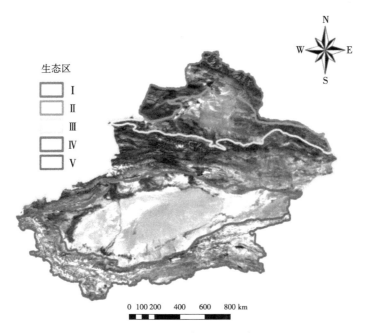

图 3-1　新疆生态区划示意图

注：各生态区分别为：阿尔泰、准噶尔西部山地半干旱草原针叶林生态区（Ⅰ）；准噶尔盆地温带干旱荒漠与绿洲生态区（Ⅱ）；天山山地干旱草原—针叶林生态区（Ⅲ）；塔里木盆地暖温带极干旱沙漠、戈壁及绿洲生态区（Ⅳ）；帕米尔—昆仑山—阿尔金山干旱荒漠草原生态区（Ⅴ）。

表 3-1　新疆不同生态区土壤剖面（0~100cm）有机碳/无机碳含量的统计特征

生态区	层次（cm）	样本数		极小值（g/kg）		极大值（g/kg）		均值（g/kg）		中位数（g/kg）		标准差（g/kg）		变异系数	
		SOC	SIC	SOC	SIC	SOC	SIC	SOC	SIC	SOC	SIC	SOC	SIC	SOC	SIC
Ⅰ	0~10	78	75	1.89	0.00	252.76	32.23	42.44	3.76	13.85	1.30	59.09	5.66	1.39	1.50
	10~20	78	75	1.39	0.00	106.14	36.24	17.99	4.48	10.70	2.34	19.75	6.11	1.10	1.37
	20~40	78	75	0.24	0.00	65.83	43.15	11.41	6.72	8.19	4.44	12.07	8.10	1.06	1.21
	40~60	78	75	0.00	0.00	39.73	45.31	6.80	8.87	4.74	6.06	8.37	9.43	1.23	1.06
	60~80	78	75	0.00	0.00	46.52	59.88	3.90	7.87	2.84	2.31	6.74	11.04	1.73	1.40
	80~100	78	75	0.00	0.00	12.82	53.04	1.52	5.73	0.00	0.19	2.40	9.36	1.58	1.63
Ⅱ	0~10	126	127	0.87	0.85	104.36	41.39	9.59	9.96	5.78	9.24	12.60	5.57	1.31	0.56
	10~20	126	127	0.23	0.85	38.34	50.84	7.80	10.20	5.12	9.53	7.96	6.69	1.02	0.66
	20~40	126	127	0.00	0.88	27.65	58.01	5.89	10.39	3.95	9.62	5.59	7.83	0.95	0.75
	40~60	126	127	0.00	0.00	26.27	74.97	4.22	10.23	2.73	8.88	4.53	9.56	1.07	0.93
	60~80	126	127	0.00	0.00	22.46	75.91	3.02	8.96	1.83	8.45	3.78	9.52	1.25	1.06
	80~100	126	127	0.00	0.00	12.47	60.76	2.10	7.48	1.19	7.29	2.80	8.79	1.34	1.18

（续）

生态区	层次(cm)	样本数		极小值(g/kg)		极大值(g/kg)		均值(g/kg)		中位数(g/kg)		标准差(g/kg)		变异系数	
		SOC	SIC	SOC	SIC	SOC	SIC	SOC	SIC	SOC	SIC	SOC	SIC	SOC	SIC
Ⅲ	0~10	229	238	0.00	0.00	249.92	31.36	30.19	9.92	12.47	9.44	40.08	7.78	1.33	0.78
	10~20	229	238	0.00	0.00	249.92	35.40	24.26	10.33	12.12	9.68	30.83	7.95	1.27	0.77
	20~40	229	238	0.00	0.00	146.17	42.51	15.57	12.48	8.74	12.08	19.54	8.66	1.25	0.69
	40~60	229	238	0.00	0.00	148.31	40.08	9.99	13.51	5.68	13.04	14.46	9.05	1.45	0.67
	60~80	229	238	0.00	0.00	69.85	91.45	6.62	14.61	4.23	14.83	9.64	10.97	1.46	0.75
	80~100	229	238	0.00	0.00	61.78	91.45	3.80	12.78	2.20	12.95	6.23	11.46	1.64	0.90
Ⅳ	0~10	173	179	0.00	0.00	75.41	44.71	7.82	16.41	5.32	16.44	9.85	6.87	1.26	0.42
	10~20	173	179	0.00	0.37	76.26	42.69	6.53	17.05	4.70	16.81	8.98	6.92	1.37	0.41
	20~40	173	179	0.00	0.22	73.43	41.62	4.85	17.97	3.61	17.88	7.75	6.64	1.60	0.37
	40~60	173	179	0.00	0.00	32.77	40.14	3.31	17.70	2.61	18.05	4.45	7.50	1.35	0.42
	60~80	173	179	0.00	0.00	19.60	38.39	2.36	16.55	1.94	17.47	2.95	8.13	1.25	0.49
	80~100	173	179	0.00	0.00	20.74	51.99	1.85	15.38	1.02	16.92	2.80	9.17	1.52	0.60
Ⅴ	0~10	23	22	2.02	4.82	64.38	24.71	12.58	15.50	8.50	16.19	14.29	5.54	1.14	0.36
	10~20	23	22	1.71	6.12	67.89	24.04	11.12	15.69	7.80	16.51	14.14	5.73	1.27	0.37
	20~40	23	22	0.00	5.52	61.67	29.24	8.37	16.59	5.41	17.25	12.35	5.97	1.48	0.36
	40~60	23	22	0.00	0.00	32.48	26.72	4.95	13.85	4.47	16.16	6.57	7.34	1.33	0.53
	60~80	23	22	0.00	0.00	22.97	32.62	2.72	11.57	1.04	10.55	4.92	9.26	1.81	0.80
	80~100	23	22	0.00	0.00	10.09	38.52	1.53	8.87	0.00	4.57	2.64	10.68	1.73	1.20

各生态类型区土壤剖面有机碳在 40cm 层次以下的极小值均为 0，其中帕米尔—昆仑山—阿尔金山干旱荒漠草原生态区（Ⅴ）表层的极小值高于其他生态区。潘根兴（1999b）和张林等（2010）认为中国西北干旱土中碳酸盐的平均含量为 100g/kg，换算成 SIC 的平均含量约为 12g/kg。本研究中干旱土主要分布区——准噶尔盆地温带干旱荒漠与绿洲生态区（Ⅱ）和塔里木盆地暖温带极干旱沙漠、戈壁及绿洲生态区（Ⅳ）的 SIC 平均含量范围分别为 7.48~10.39g/kg 和 15.39~17.95g/kg，平均值与潘根兴（1999b）和张林等（2010）的研究结果相近，其差异可能源于本研究计算所采用的土壤剖面数较多。

不同生态类型区土壤有机碳含量的均值及中位数都随着深度不断减小，而无机碳含量的均值中位数都有随深度先增大后减小的特点，只是拐点的位置不同。可见，新疆土壤有机碳含量总体上随深度增加而减少，无机碳含量随深度（0~60cm）的增加而增加，这与其他学者关于土壤碳含量与剖面深度的研究结论相似（Wang 等，2002；曾俊等，2008；荣井荣等，2012）。
按照变异系数的划分等级（Hu et al.，2007）：低变异性，$CV<0.1$；中等变
异性，$CV=0.1\sim1.0$；高变异性，$CV>1$。表 3-1 中，各生态类型区中 0～
100cm 深度的有机碳变异系数均大于 1，属于强变异性，而无机碳含量只在
阿尔泰、准噶尔西部山地半干旱草原针叶林生态区（Ⅰ）各层次及准噶尔盆
地温带干旱荒漠与绿洲生态区（Ⅱ）、帕米尔—昆仑山—阿尔金山干旱荒漠
草原生态区（Ⅴ）的底层（80～100cm）达强变异性，其余生态类型区各层次无
机碳的变异系数在 0.1～1.0 之间，属于中等变异性。

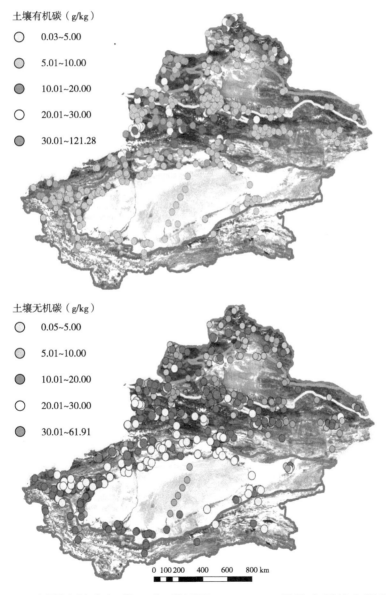

土壤有机碳（g/kg）
- ○　0.03～5.00
- ◔　5.01～10.00
- ●　10.01～20.00
- ○　20.01～30.00
- ◕　30.01～121.28

土壤无机碳（g/kg）
- ○　0.05～5.00
- ◔　5.01～10.00
- ●　10.01～20.00
- ○　20.01～30.00
- ◕　30.01～61.91

0 100 200　400　600　800 km

图 3-2　新疆土壤有机碳/无机碳剖面（0～100cm）平均含量的空间分布

图 3-2 显示了新疆土壤有机碳与无机碳剖面(0~100cm)平均含量的空间分布特征，其中有机碳主要分布在准噶尔西部山地半干旱草原针叶林生态区(Ⅰ)和天山山地干旱草原—针叶林生态区(Ⅲ)，平均含量为 20~120g/kg 之间；准噶尔盆地温带干旱荒漠与绿洲生态区(Ⅱ)、塔里木盆地暖温带极干旱沙漠、戈壁及绿洲生态区(Ⅳ)和帕米尔—昆仑山—阿尔金山干旱荒漠草原生态区(Ⅴ)的剖面含量相对较低，平均含量小于 20g/kg，整体表现出自西北向东南，自山地向荒漠逐渐减少的趋势，呈现山区高于盆地的分布特征。而无机碳的剖面含量则有不同的分布特点，主要分布在新疆的西南区域，平均含量为 20~60g/kg 之间；自南向北逐渐降低，显示出南疆高于北疆的分布特征，北疆地区无机碳的平均含量小于 10g/kg。而 Mi et al.(2008)对全国 SIC 储存格局的研究，认为新疆境内年均降水量小于 200mm 的西部地区，其 $CaCO_3$ 含量一般 40~90g/kg，换算成无机碳含量大致范围是 4.8~10.8g/kg 与图 3-2 显示的含量特征分布区域基本一致。

3.2 新疆不同生态区土壤有机碳/无机碳密度的剖面分布特征

3.2.1 土壤有机碳密度剖面分布特征

图 3-3 显示了新疆土壤剖面有机碳密度的频率分布状况，不同生态类型区各层次的有机碳密度主要分布在 0~4kg/m² 的范围内，频率达 60% 以上，并且最大频率出现在 10~20cm 层次。不同生态类型区中 60~100cm 深度内的有机碳密度在 0~3kg/m² 范围内占据较大频率，达 80% 以上，说明不同生态类型区底层土壤(60~100cm)的有机碳密度较低，与表层土壤有机碳密度相比呈减少趋势。这种分布状况在图 3-4 中也得到印证，与前人在其他区域的研究(Guo et al.，2002；Paul et al.，2002；Laganiere et al.，2010)结果类似，主要是因为有机碳在剖面中受淋溶(Dosskey et al.，1997)、微生物活动(Wang et al.，2010)和土壤机械扰动(Kalbitz et al.，2008；Harrison et al.，2011)等作用而向下迁移。

不同生态类型区土壤有机碳密度在土壤剖面中 10~20cm 层次递减，在 20~40cm 层次递增，在 40cm 以下逐渐递减(图 3-4)，与 Wang et al.(2010)等

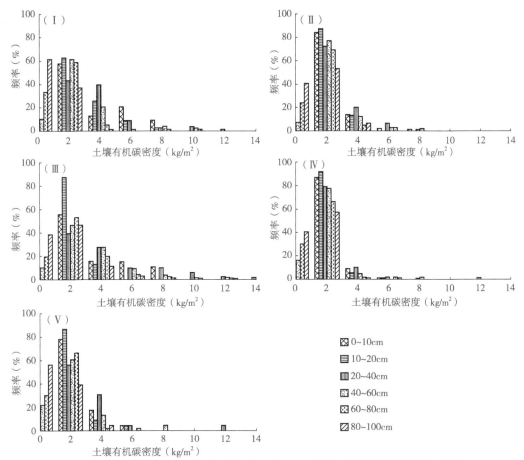

Ⅰ.阿尔泰、准噶尔西部山地半干旱草原针叶林生态区；Ⅱ.准噶尔盆地温带干旱荒漠与绿洲生态区；
Ⅲ.天山山地干旱草原—针叶林生态区；Ⅳ.塔里木盆地暖温带极干旱沙漠、戈壁及绿洲生态区；
Ⅴ.帕米尔—昆仑山—阿尔金山干旱荒漠草原生态区。

图 3-3　新疆不同生态区土壤剖面(0~100cm)有机碳密度的频数分布直方图

人关于新疆不同景观土壤有机碳剖面分布特征的研究结果相同。本研究中，阿尔泰、准噶尔西部山地半干旱草原针叶林生态区(Ⅰ)和天山山地干旱草原—针叶林生态区(Ⅲ)的有机碳密度高于其他生态类型区，在表层土壤(0~10cm)的差异性达显著水平，而在 20~100cm 深度内天山山地干旱草原—针叶林生态区(Ⅲ)的有机碳密度显著高于其他生态类型区。而准噶尔盆地温带干旱荒漠与绿洲生态区(Ⅱ)和塔里木盆地暖温带极干旱沙漠、戈壁及绿洲生态区(Ⅳ)中有机碳密度的低值(0~3kg/m)占据较大频率(图 3-3)，达 60%以上，有机碳密度在剖面中 0~80cm 的深度内也低于其他生态区(图 3-4)。

图 3-4 显示了不同生态区土壤有机碳密度在土壤剖面(0~100cm)中的垂直分布特征，同一层次内各生态区的显著性差异水平为 $P<0.05$。前人研究表明，在全球尺度土壤有机碳的水平分布特征主要受气候因素的影响，但不同

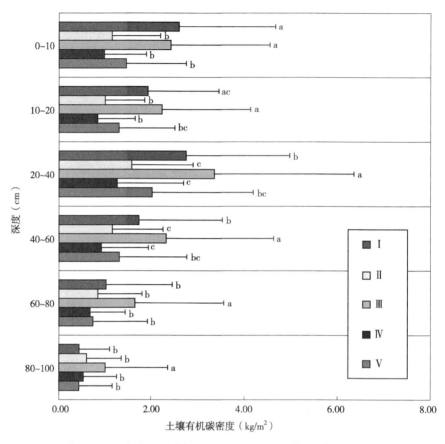

图3-4 新疆不同生态区土壤剖面(0~100cm)有机碳密度的垂直分布

植被类型土壤有机碳在土壤剖面上垂直分布显著不同(Jobbágy et al.，2000)。土壤有机碳库受降雨量和温度强烈影响(Lal，2002；Wang et al.，2004)，自然生态系统土壤有机碳随温度增加呈指数下降。本研究中生态区Ⅰ和Ⅲ中分布着山地草原、高山草甸、山地森林等生态系统，年降水量300~400mm，植被覆盖率较高，区域内有机质的输入量较大。准噶尔盆地温带干旱荒漠与绿洲生态区(Ⅱ)和塔里木盆地暖温带极干旱沙漠、戈壁及绿洲生态区(Ⅳ)分布着古尔邦通古特和塔克拉玛干两大沙漠，为温带-暖温带荒漠气候，终年干旱少雨(年降水量<200mm)，地表蒸发旺盛(年日照时数分别为2800~3200h)，地表覆盖植被稀疏，有机质积累较少，因而有机碳密度相对较低。本研究中阿尔泰、准噶尔西部山地半干旱草原针叶林生态区(Ⅰ)、天山山地干旱草原—针叶林生态区(Ⅲ)和帕米尔—昆仑山—阿尔金山干旱荒漠草原生态区(Ⅴ)位于准噶尔盆地和塔里木盆地边缘，海拔较高，这也是导致有机碳含量高的原因。Post et al.(2001)的研究表明，随着海拔的不断升高和温度的逐渐降低，土壤有机碳含量呈逐渐增大的趋势。此外，土壤中黏土含量也被认为是对有机碳

积累的积极因素（Paul et al.，2002；Tan et al.，2004；Laganiere et al.，2010）。显然，阿尔泰、准噶尔西部山地半干旱草原针叶林生态区(Ⅰ)、天山山地干旱草原—针叶林生态区(Ⅲ)的黏土含量大于生态区Ⅱ和Ⅳ，有机碳含量差异也较明显(表3-1)。

帕米尔—昆仑山—阿尔金山干旱荒漠草原生态区（Ⅴ）表层以下土壤的有机碳密度随土壤深度增加而不断减少，这与其他高寒地区土壤有机碳研究的结论相同（Chen et al.，2002；陶贞等，2006；王华静等，2010）。但也有研究表明深层碳库一般是稳定的，不会对全球气候变化做出响应，在计算全碳储量时可以不考虑深层有机碳，但应避免任何会增加沿土壤剖面的新鲜碳分布的管理实践（如耕地作业以及具有广泛根系的抗旱作物的使用等），因为这都将刺激这种古老的、被埋藏在地下的碳的损失（Sebastien et al.，2007）。

3.2.2　土壤无机碳密度剖面分布特征

图 3-5 展示了不同生态类型区各层次无机碳密度的频率分布状况，土壤无机碳密度的低值($<4kg/m^2$)在表层(0~20cm)的频率占 80% 以上，在塔里木盆地暖温带极干旱沙漠、戈壁及绿洲生态区（Ⅳ）和帕米尔—昆仑山—阿尔金山干旱荒漠草原生态区（Ⅴ）中甚至接近 100%，而在底层土壤无机碳密度的高值($>8kg/m^2$)占据一定比例($>20\%$)，说明不同生态类型区表层土壤无机碳密度较低，而底层的无机碳密度较高。这与图 3-6 所示的剖面分布特征一致，各生态区无机碳密度随深度出现先增加后减少的分布特征，低值的分布频率随深度不断增加。

一般情况下，近表层土壤具有相对脱钙现象，碳酸盐溶液向下运移的过程中逐渐淀积（杨黎芳等，2007；刘梦云等，2010），从而形成表层 SIC 含量较低，而下层 SIC 含量明显增加的特征。阿尔泰、准噶尔西部山地半干旱草原针叶林生态区（Ⅰ）、准噶尔盆地温带干旱荒漠与绿洲生态区（Ⅱ）和天山山地干旱草原—针叶林生态区（Ⅲ）的无机碳密度频率分布特征相似，集中分布在 $2\sim6kg/m^2$ 范围内，在 $7\sim9kg/m^2$ 范围内有的频率较低；塔里木盆地暖温带极干旱沙漠、戈壁及绿洲生态区（Ⅳ）和帕米尔—昆仑山—阿尔金山干旱荒漠草原生态区（Ⅴ）的分布特征相似，在 $7\sim9kg/m$ 范围内占 $40\%\sim60\%$。

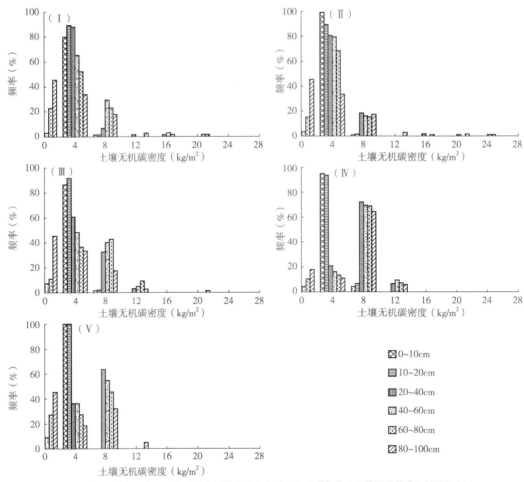

Ⅰ.阿尔泰、准噶尔西部山地半干旱草原针叶林生态区；Ⅱ.准噶尔盆地温带干旱荒漠与绿洲生态区；
Ⅲ.天山山地干旱草原—针叶林生态区；Ⅳ.塔里木盆地暖温带极干旱沙漠、戈壁及绿洲生态区；
Ⅴ.帕米尔—昆仑山—阿尔金山干旱荒漠草原生态区。

图3-5 新疆不同生态区土壤剖面(0~100cm)无机碳密度的频数分布直方图

不同生态类型区土壤无机碳密度的剖面分布特征与有机碳相反，总体呈不断增加的趋势(图3-6)，同一层次内各生态区的显著性差异水平为$P<0.05$。在0~100cm剖面中，除天山山地干旱草原—针叶林生态区(Ⅲ)之外，其余生态类型区的无机碳密度在0~40cm深度内递增，在40~100cm深度内递减。阿尔泰、准噶尔西部山地半干旱草原针叶林生态区(Ⅰ)和天山山地干旱草原—针叶林生态区(Ⅲ)无机碳密度变化的拐点层次分别为40~60cm和60~80cm，较其余生态类型区的剖面层次更低。这可能是因为阿尔泰、准噶尔西部山地半干旱草原针叶林生态区(Ⅰ)和天山山地干旱草原—针叶林生态区(Ⅲ)的气候湿润，降水丰富，植被覆盖率较高，土壤剖面中碳酸盐溶解和淋溶作用强烈，导致无机碳随深度增加不断淀积。Lal(2004)研究认为植被和微生物活动能显著改变水分的下渗，从而改变无机碳的淋

溶状况和次生碳酸盐的沉淀。土壤无机碳受淋溶影响剖面分布也被认为比
较复杂(Díaz-Hernández，2008)，甚至在强降水和剧烈生物活动的共同作用
下，碳酸盐几乎完全淋溶(Wang et al.，2010)。

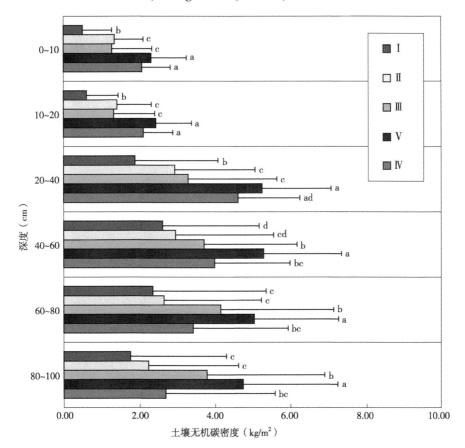

图 3-6　新疆不同生态区土壤剖面(0~100cm)无机碳密度的垂直分布

　　塔里木盆地暖温带极干旱沙漠、戈壁及绿洲生态区(Ⅳ)的无机碳密度
高于其他生态区，并且在60cm以下深度内的差异性达显著水平($P<0.05$)，
而在0~100cm深度内与同为沙漠分布区的准噶尔盆地温带干旱荒漠与绿洲
生态区(Ⅱ)的差异性也达显著水平($P<0.05$)，说明塔里木盆地暖温带极
干旱沙漠、戈壁及绿洲生态区(Ⅳ)的土壤特别是60cm以下的土壤对新疆土壤
无机碳库的贡献最大。此外，塔里木盆地暖温带极干旱沙漠、戈壁及绿洲
生态区(Ⅳ)内日益增加的人工绿洲也促进了无机碳密度的增加。前人研究
表明，土壤含水量状况是$CaCO_3$淀积的基础，一方面水的流动性为上部土层
提供淋溶动力(脱钙)；另一方面水分也是参与碳酸钙淀积过程的重要成分
(钙积)(谭丽鹏等，2008)，干旱区适量的土壤含水量有利于$CaCO_3$的形成，
这也是干旱区绿洲土壤无机碳含量比沙漠区域高的原因(图 3-2)。

　　土壤剖面中无机碳密度变化的拐点层次集中分布 20~40cm 和 40~60cm 两个层次，其原因可能是由于新疆干旱土表层中有机残体分解产生的碳参与新淀积方解石的形成，在 30~60cm 层次土壤水分递减极快，方解石的结晶较为活跃，促进了 SOC 的碳转移(潘根兴，1999b；张林等，2010)和无机碳的形成。此外，土壤有机碳的变化也影响着无机碳的构成(Mi et al.，2008；Jelinski et al.，2009)。如可溶性有机物能增加表层土壤有机碳的含量，但是该物质也被认为会抑制碳酸盐的沉淀(Schlesinger et al.，1998；Chang et al.，2012)，在本研究中表层 0~20cm 土壤的有机碳的含量相对较高(图 3-4)而土壤无机碳的含量较低(图 3-6)。

3.3　小结

　　本研究对比分析了新疆五大生态类型区土壤有机碳与无机碳含量的垂直分布特征。总体上土壤有机碳含量随深度增加呈不断减少的趋势，而无机碳随深度增加呈不断增加的趋势。不同生态类型区土壤有机碳密度在 10~20cm 土层低于相邻土层，而在 20~40cm 层次含量最高，在 40cm 以下随深度增加呈逐渐递减趋势。其中，阿尔泰、准噶尔西部山地半干旱草原针叶林生态区(Ⅰ)和天山山地干旱草原—针叶林生态区(Ⅱ)的有机碳密度高于其他生态类型区，在表层土壤(0~10cm)的差异性达显著水平，而在 20~100cm 深度内天山山地干旱草原—针叶林生态区(Ⅲ)的有机碳密度显著高于其他生态类型区，对新疆土壤有机碳库的贡献最大。除天山山地干旱草原—针叶林生态区(Ⅲ)之外，其余生态类型区的无机碳密度在 0~40cm 深度内递增，在 40~100cm 深度内递减。塔里木盆地暖温带极干旱沙漠、戈壁及绿洲生态区(Ⅳ)的无机碳密度高于其他生态类型区，并且在 60cm 以下深度内的差异性达显著水平，该区土壤特别是 60cm 以下的土壤对新疆土壤无机碳库的贡献最大。

第4章

新疆土壤碳库空间变异特征

4.1 新疆土壤剖面有机碳/无机碳含量的统计结果

对原始数据进行常规的描述统计分析是进行空间变异性分析的基础。新疆土壤剖面不同层次有机碳和无机碳含量的统计结果见表 4-1、表 4-2。

表 4-1 新疆土壤有机碳含量的统计特征值

深度（cm）	样点数	分布类型	均值（g/kg）	标准差（g/kg）	最小值（g/kg）	最大值（g/kg）	变异系数	K-S P 值
0~10	629	对数正态	20.78	35.23	0.00	252.76	1.70	0.00
10~20	629	对数正态	14.83	22.31	0.00	249.92	1.50	0.00
20~40	629	对数正态	9.90	14.38	0.00	146.17	1.45	0.00
40~60	629	对数正态	6.42	10.19	0.00	148.31	1.59	0.00
60~80	629	对数正态	4.25	6.99	0.00	69.85	1.65	0.00
80~100	629	对数正态	2.56	4.43	0.00	61.78	1.73	0.00

表 4-2 新疆土壤无机碳含量的统计特征值

深度（cm）	样点数	分布类型	均值（g/kg）	标准差（g/kg）	最小值（g/kg）	最大值（g/kg）	变异系数	K-S P 值
0~10	641	对数正态	11.21	7.87	0.00	44.71	0.70	0.03
10~20	641	对数正态	11.68	8.17	0.00	50.84	0.69	0.01
20~40	641	对数正态	13.07	8.62	0.00	58.01	0.66	0.02

（续）

深度 （cm）	样点数	分布类型	均值 （g/kg）	标准差 （g/kg）	最小值 （g/kg）	最大值 （g/kg）	变异 系数	K-S P值
40~60	641	对数正态	13.50	9.25	0.00	74.97	0.69	0.05
60~80	641	对数正态	13.14	10.42	0.00	91.45	0.79	0.04
80~100	641	对数正态	11.50	10.64	0.00	91.45	0.93	0.04

土壤有机碳含量的最大值为 252.76g/kg，出现在表层（0~10cm）；最小值为 0，出现在表层（10~20cm），可见在 0~20cm 土层中，土壤有机碳含量变化范围较大，说明表层有机碳分布较为复杂。0~100cm 土体中有机碳含量的平均值随着深度的增加逐渐降低，在底层（80~100cm）土壤有机碳含量的均值为 2.56g/kg，仅为表层（0~10cm）的 12%，说明土壤有机碳含量总体上随深度增加呈不断降低趋势。K-S 检验结果表明各层土壤有机碳含量均呈非正态分布（$P<0.05$）。不同土层有机碳含量的变异系数均大于 1，属于强变异性，且随着深度的增大呈先减少后增加的特点，也反映出表层及底层土壤有机碳分布的复杂性。

土壤无机碳含量的最大值为 91.45g/kg，出现在底层（60~100cm）；各层次的最小值均为 0。0~100cm 土体中无机碳含量的平均值随着深度的增加逐渐升高，在 60cm 层次附近土壤无机碳的平均含量大于 13g/kg，说明土壤无机碳含量总体上随深度增加呈不断升高趋势。土壤无机碳的分布特征与有机碳相反，并且均值的变化幅度也较有机碳小（见有机碳描述统计表）。K-S 检验结果表明各层次的无机碳含量呈非正态分布（$P<0.05$）。不同土层无机碳含量的变异系数范围为 0.66~0.93，属于中等变异强度，且随着深度的增加变化范围不大。

在变异函数的计算中一般要求数据符合正态分布，否则可能存在比例效应（Yao et al.，2007），因此需要对非正态分布的变量进行转换处理，将数据转化为正态分布或者近似正态分布，本研究采用对数转换对土壤有机碳和无机碳含量进行数据处理。对土壤有机碳和无机碳数据进行对数转换后，数据符合正态分布，频率分布如图 4-1 和图 4-2 所示。

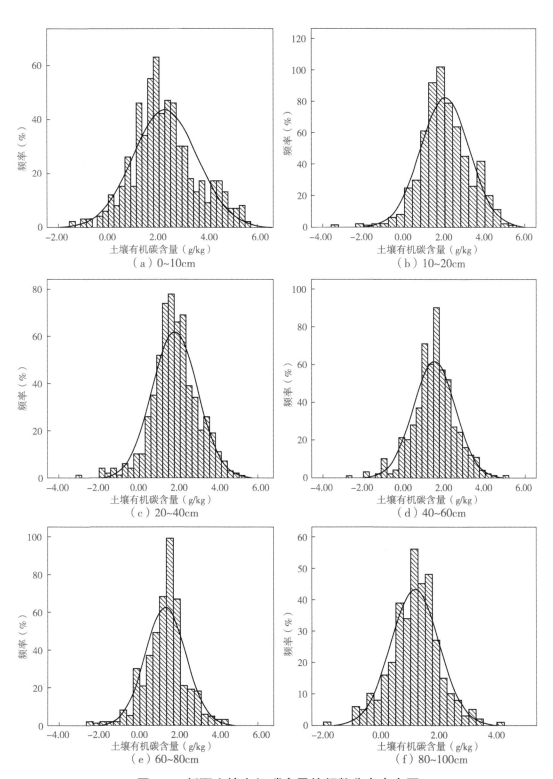

图 4-1　新疆土壤有机碳含量的频数分布直方图

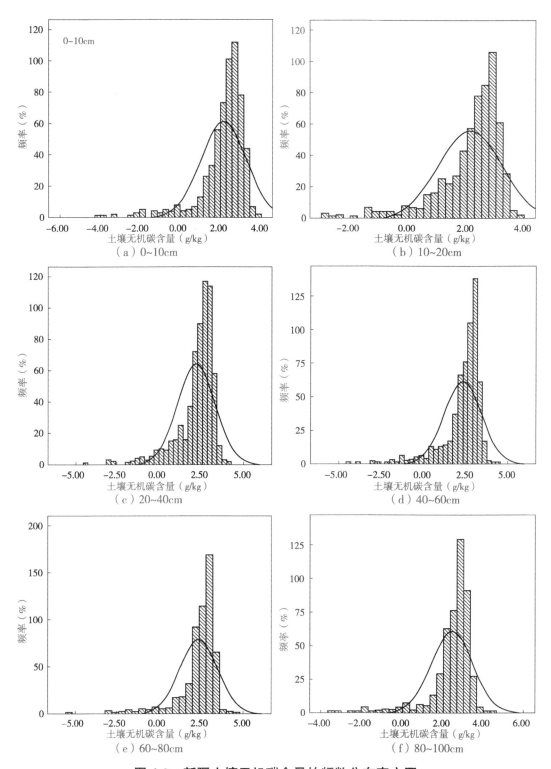

图 4-2 新疆土壤无机碳含量的频数分布直方图

4.2 新疆土壤有机碳/无机碳含量的结构分析

对土壤有机碳和无机碳含量进行半变异模型模拟时，首先计算 $\gamma(h)-h$ 散点图，分别用不同的模型进行拟合，得到最优模型参数值，之后用交叉验证的方法来修正模型参数。根据决定系数(R^2)、残差(RSS)来选择最佳的拟合模型，得到拟合的特征参数值和半方差函数图。最后得到的半方差函数模型见表4-3。

表 4-3 新疆土壤剖面不同层次有机碳含量的变异函数及理论模型

深度（cm）	理论模型	块金值 C_0	基台值 $Sill$	$C_0/Sill$	变程（km）	均方根误差 RSS	R^2
0~10	指数模型	0.79	1.74	0.55	546	0.09	0.89
10~20	指数模型	0.77	1.55	0.50	378	0.07	0.85
20~40	指数模型	0.67	1.35	0.50	453	0.07	0.82
40~60	指数模型	0.52	1.11	0.53	267	0.03	0.83
60~80	指数模型	0.54	1.08	0.50	450	0.04	0.83
80~100	指数模型	0.36	0.73	0.50	288	0.03	0.70

4.2.1 土壤有机碳

由不同土层有机碳的变异函数分析结果可知(表 4-3)，指数模型可以较好的模拟不同层次土壤有机碳含量的空间分布特征，各层次的决定系数达了显著水平，说明所得到的理论模型可靠。

总体上，空间相关距离随深度减小，在表层(0~10cm)的变程为 546km，而在底层(80~100cm)的变程减小为 288km，说明底层土壤有机碳含量变化的范围较表层小。表中 $C_0/Sill$ 为块基比，表示由随机因素引起的异质性占总的空间异质性的程度(Hu et al.，2007)。如果该值比较高，说明由随机部分引起的空间异质性程度较大；相反，则表明由空间自相关部分引起的空间异质性程度较大；如果该比值接近1，则说明该变量在整个尺度上具有恒定的变异。表中块金值/基台值大于50%，表明新疆土壤有机碳含量的空间相关性较弱，同时这一比值也说明土壤有机碳含量的空间变异性是随机因素与结构因素共同作用的结果，但在整个新疆区域的研究尺度上由结构性因素引起的空间异质性明显高于随机性因素。随机因子包括土地利用、作物栽培等；结构因子则包括土壤形成过程中的地形、母质、地下水位等。

土壤有机碳变异函数如图 4-3 所示。由图 4-3 可知，土壤有机碳含量指数模型的点轨迹与模型曲线符合度较高，理论模型拟合曲线对样点的分布解释程度较高。

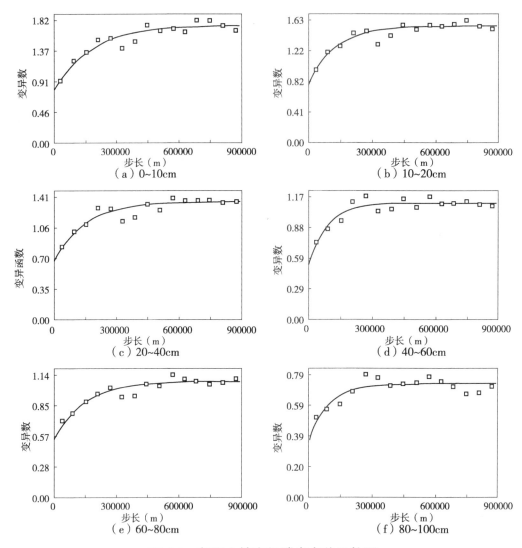

图4-3　新疆土壤有机碳半方差函数图

4.2.2　土壤无机碳

由不同土层无机碳的变异函数分析结果可知(表4-4)，指数模型可以较好的模拟不同层次土壤无机碳含量的空间分布特征，各层次的决定系数达了显著水平，说明所得到的理论模型可靠。总体上，表层(0~10cm)和底层(80~100cm)无机碳的空间相关距离相对较小，而在20~40cm层次的变程达1272km，表明这个层次土壤无机碳的空间相关性相关距离较大，无机碳含量变化的范围较大，相关性弱。表中块金值/基台值($C_0/Sill$)大于50%，表明新疆土壤无机碳含量的空间相关性较弱，同时这一比值也说明土壤有机碳含量的空间变异性是随机因素与结构因素共同作用的结果。土壤无机碳变异函数如图 4-4 所示。

表 4-4 新疆土壤剖面不同层次无机碳含量的变异函数及理论模型

深度（cm）	理论模型	块金值 C_0	基台值 $Sill$	$C_0/Sill$	变程（km）	均方根误差 RSS	R^2
0~10	指数模型	0.45	1.30	0.65	420	0.18	0.74
10~20	指数模型	0.49	1.26	0.61	375	0.12	0.76
20~40	指数模型	0.65	1.52	0.58	1272	0.08	0.89
40~60	指数模型	0.51	1.34	0.62	492	0.12	0.82
60~80	指数模型	0.68	1.35	0.50	525	0.10	0.80
80~100	指数模型	0.37	1.11	0.67	342	0.12	0.74

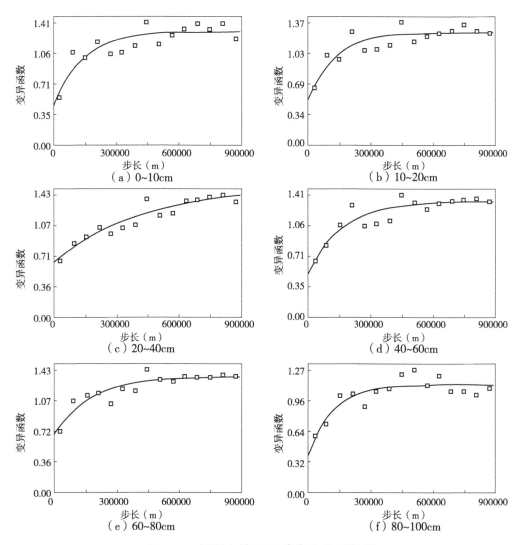

图 4-4 新疆土壤无机碳半方差函数图

4.3 新疆土壤有机碳/无机碳的空间分布格局

为了更直观的认识新疆全区土壤有机碳/无机碳的空间分布特征，基于半方差函数理论模型，利用 ArcGIS 10.2（Environmental Systems Research Institute Co., USA）软件中的地统计模块（geostatistical analyst），采用普通克里格（ordinery kriging，OK）对 0~100cm 深度各层次土壤有机碳/无机碳含量进行插值，绘制了新疆不同层次土壤有机碳/无机碳含量的空间分布图（图 4-5，图 4-6）。

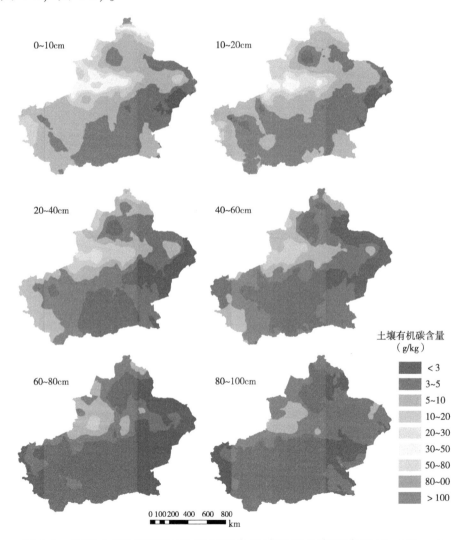

图 4-5　新疆土壤剖面各层次有机碳含量的空间分布示意图（0~100cm）

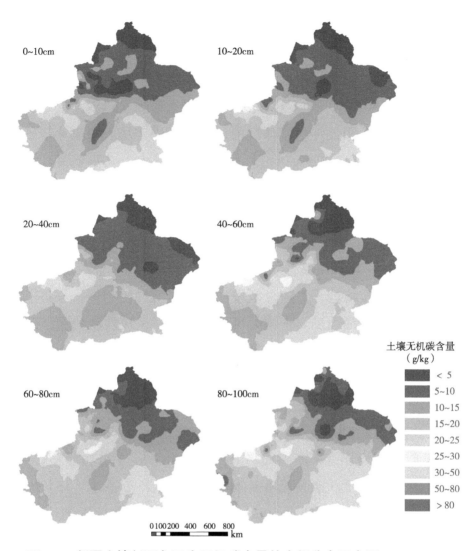

图 4-6　新疆土壤剖面各层次无机碳含量的空间分布示意图(0~100cm)

4.3.1　土壤有机碳的空间分布

由图 4-5 可知，新疆土壤有机碳含量总体呈现西北高、东南低，山区高于盆地的分布特征，并随深度的不断增加呈不断减少趋势，这种分布状况与本书第 3 章不同生态区土壤有机碳含量的分析结果一致。北部阿勒泰山山区和中部天山山区有机碳含量范围为 30~100g/kg，其中有机碳含量大于80g/kg 的土壤主要分布在阿勒泰山区；而在新疆东部和南部的大部分区域，土壤有机碳含量都小于 5g/kg。这与新疆山区较高的植被覆盖度和较低的气温有密切关系，新疆北部和中部山区植被覆盖度较高，气温相对较低，有利于有机质的积累；而在东部和南部，植被覆盖率较低，气温偏高，蒸发旺盛，有机质积累较少。

此外，土壤有机碳含量自天山山区向东、南、北3个方向逐渐降低，呈现明显的梯度变化。在北部准噶尔盆地和南部塔里木盆地土壤有机碳含量均较低，土壤20cm层次以下均不足5g/kg。说明地形因素对新疆土壤有机碳含量及分布的影响较为明显。随着深度的增加，新疆土壤有机碳小于5g/kg的分布面积逐渐增大，10~20g/kg含量的面积逐渐减少，说明土壤有机碳的含量逐渐降低，趋势明显。

4.3.2 土壤无机碳的空间分布

由图4-6可知，新疆土壤各层次土壤无机碳含量总体呈东南高、西北低，南疆高于北疆的分布特征，并随深度增加有不断增加的趋势，这与土壤有机碳含量的空间分布特征相反。土壤无机碳含量总体呈斑块状分布，北疆地区无机碳含量变化具有一定的梯度特征，而南疆地区梯度变化不明显。土壤无机碳主要分布在塔里木盆地东部和西部，含量范围为20~60g/kg，北部阿勒泰山山区无机碳含量最低，含量范围为0~10g/kg。

土壤无机碳含量随深度变化特征在南北疆表现不同，北疆地区，土壤无机碳含量随深度增加有不断增加趋势，小于10g/kg的分布面积逐渐减少；而在南疆地区，土壤无机碳含量在0~40cm深度内不断减少，15~25g/kg含量分布面积逐渐减少，在40~100cm深度内无机碳含量逐渐增加，大于20g/kg的分布区域明显增大。由此可以初步判断，南疆和北疆区域土壤无机碳含量的影响因素不同，南疆塔里木盆地内分布着塔克拉玛干沙漠，盆地内气温、降水及地形起伏不明显，土壤发育不成熟等因素都使得该区土壤无机碳含量差异不明显，这与本书第3章分析结果一致。而在北疆，地形地貌、植被覆盖及降水气温等因素分布不均，特别是受地形因素影响，无机碳含量具有一定的梯度变化，并随深度呈不断下降趋势。

4.4 小结

本研究基于地统计学方法分析研究了新疆土壤不同层次有机碳和无机碳的空间变异特征及分布格局。结果显示，新疆土壤有机碳含量的最大值为252.76g/kg，出现在表层(0~10cm)；最小值为0，出现在表层(10~20cm)，可见在 0～20cm 土层中，土壤有机碳含量变化范围较大，说明表层有机碳分布较为复杂。0～100cm 土体中有机碳含量的平均值随着深度的增加逐渐降低，在底层(80～100cm)土壤有机碳含量的均值为 2.56g/kg，仅为表层(0～10cm)的 12%，说明土壤有机碳含量总体上随深度增加呈不断降低趋势。土壤无机碳含量的最大值为 91.45g/kg，出现在底层(60～100cm)；各层次的最小值均为 0。0～100cm 土体中无机碳含量的平均值随着深度的增加逐渐升高，在 60cm 层次附近土壤无机碳的平均含量大于 13g/kg，说明土壤无机碳含量总体上随深度增加呈不断升高趋势。

K-S 检验结果表明各层土壤有机碳和无机碳含量均呈非正态分布($P<0.05$)。不同土层有机碳含量属于强变异性，且随着深度的增加呈先减少后增加的特点；不同土层无机碳含量属于中等变异强度，且随着深度的增加变化范围不大。指数模型可以较好的模拟不同层次土壤有机碳和无机碳含量的空间分布特征，各层次的决定系数达了显著水平。新疆土壤有机碳含量总体呈现西北高、东南低，山区高于盆地的分布特征，并随深度的不断增加呈不断减少趋势。土壤有机碳含量自天山山区向东、南、北 3 个方向逐渐降低，呈现明显的梯度变化。在北部准噶尔盆地和南部塔里木盆地土壤有机碳含量均较低，土壤 20cm 层次以下均不足 5g/kg。说明地形因素对新疆土壤有机碳含量及分布的影响较为明显。随着深度的增加，新疆土壤有机碳小于 5g/kg 的分布面积逐渐增大，10～20g/kg 含量的面积逐渐减少，说明土壤有机碳的含量逐渐降低，趋势明显。新疆土壤各层次土壤无机碳含量总体呈东南高、西北低，南疆高于北疆的分布特征，并随深度增加有不断增加的趋势，这与土壤有机碳含量的空间分布特征相反。土壤无机碳含量随深度变化特征在南北疆表现不同，北疆地区，土壤无机碳含量随深度增加有不断增加趋势，小于 10g/kg 的分布面积逐渐减少；而在南疆地区，土壤无机碳含量在 0～40cm 深度内不断减少，15～25g/kg 含量分布面积逐渐减少，在 40～100cm 深度内无机碳含量逐渐增加，大于 20g/kg 的分布区域明显增大。

第5章

新疆土壤碳库空间分布特征

新疆地域广阔，地形地貌复杂，影响土壤有机碳和无机碳的因素很多，为了得到较好的空间分布预测结果，首先将土壤有机碳与土壤无机碳分别与高程(elevation, H)、坡度(slope, S)、坡向(aspect, A)、平面曲率(plan curvature, Ct)、剖面曲率(profile curvature, Cp)、复合地形指数(compound terrain index, CTI)、归一化植被指数(normalized difference vegetation index, $NDVI$)、多年平均降水(annual average precipitation, P)、多年平均气温(annual average temperature, T)、地表蒸散量(evapotranspiration, ET)、土地利用综合指数(integrated land use index, L_a)等进行相关分析。然后选用OK、MLR、RK、GWR、GWRK方法分别对土壤有机碳和无机碳建立预测模型，最后结合绝对误差、相对误差和均方根误差对模型的精度进行比较，进而确定最优预测模型。土壤有机碳和无机碳观测点按照80%和20%的比例分为两组，一组作为拟合数据(其中土壤有机碳样点为503个，无机碳样点为512个)，另外一组作为检验数据(其中土壤有机碳样点为126个，无机碳样点为129个)(图5-1)。

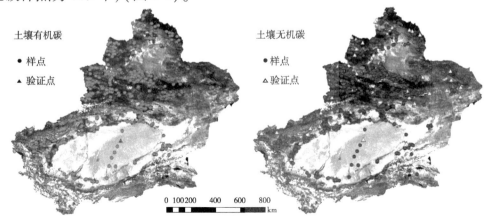

图 5-1　新疆土壤有机碳/无机碳拟合样点及校验样点分布图

5.1　环境辅助数据

本研究选取地形、气候、植被等环境影响因素及土地利用等人为影响因素作为预测估算新疆土壤有机碳和无机碳储量的环境辅助数据，统一投影坐标系和空间分辨率。

5.1.1　地形因子

地形是成土过程中的一个重要因素，它不仅支配着水热资源的再分配，还影响着土壤生态系统的物质循环过程和强度，对土壤性质有着深远的影响（魏孝荣，2007）。地形是土壤与环境之间进行物质、能量交换的一个重要场所条件（Liu，2006）。其作用主要表现为两个方面：一是使物质在地表进行再分配；二是使土壤及母质在接受光、热、水或潜水条件方面发生变化，或重新分配。这些变化都深刻地影响土壤性质、土壤肥力的差异和土壤类型的变异。山坡或山脊上降水产生径流，径流汇集在坡麓或山谷中的低平地上，从而引起降雨在两者间产生再分配。另外，不同坡度的太阳辐射角不同，从而影响地表的太阳辐射能量，导致土壤温度的差异。地形对土壤的发生及土壤性质有很大影响，在其他成土条件类似的情况下，往往因地形部位不同，而产生不同的土壤类型。前人研究表明，地形因子是土壤性质空间分布预测中常用的辅助环境变量（Li et al.，2013b；张淑杰等，2012；Phachomphon et al.，2010）；其中高程（H）、坡度（S）、坡向（A）、平面曲率（Ct）、剖面曲率（Cp）是能较好反映土壤发生和发育的地形因子（McSweeney et al.，1994），大量的研究表明，这些地形因子与土壤属性之间有着显著的相关关系（Thompson et al.，2001；Florinsky et al.，2002；邓慧平等，2002；Smith et al.，2006；Thompson et al.，2006），因而是常用的土壤性质空间分布预测的地形参数。

此外，前人在土壤性质空间分布预测过程中广泛应用了复合地形指数（CTI），发现CTI与土壤性质之间存在可以预测的相关关系，可以用作土壤发生序列（catena）中位置的定量表示（Gessler et al.，2000；McKenzie et al.，1999）。本研究所采用的 DEM 数据是 SRTM（Shuttle Radar Topography

Mission)30m 分辨率高程产品，由美国国家航空航天局(NASA)和美国国家图像与测绘局(NIMA)联合测量。对 DEM 数据进行严格的几何校正、配准、投影变换处理。依据新疆 DEM 分别提取高程、坡度、坡向、平面曲率、剖面曲率及复合地形指数。

5.1.2　植被因子

植被条件是影响土壤性质的重要环境因素，Numata et al. (2003)等研究证明植被覆盖度与土壤有机碳、全氮及土壤肥力含量呈显著正相关。植被是影响土壤养分积累和分布的重要因子，植被凋落物和根系分泌物是土壤有机质积累的主要物质来源。归一化植被指数($NDVI$)是最常用的反映植被覆盖的植被指数，也是植被生长状态的最佳指示因子。$NDVI$ 的时间变化可以反映出季节和人为活动的变化；特别是植物整个生长期的 $NDVI$ 对降雨、气温及大气 CO_2 浓度随季节和纬度变化都较为敏感。因此 $NDVI$ 被认为是研究区域或全球植被和生态环境变化的有效指标。基于遥感影像数据获取的植被指数能较好地反映区域地表植被的生长状态和植被覆盖度信息(于海达等，2012；王情等，2013)，是常用于土壤性质空间分布预测的辅助变量之一(Sumfleth et al.，2008；Li et al.，2013)。为分析研究植覆盖对土壤有机碳和无机碳分布的影响，本研究选用 2012 年 1 月至 12 月的 24 景 MODIS 产品 16d 合成的 250m 分辨率的 $NDVI$ 数据，取月份平均值作为定量辅助变量之一。

5.1.3　气候因子

在全球尺度土壤有机碳的水平分布特征主要受气候因素的影响，在碳的蓄积过程中，气候因子起着重要作用。在碳的输入和输出两个过程中，植被生产力和微生物的分解转化都受水分和温度等气候条件的影响(Davidson et al.，2000)。土壤有机碳库受降雨量和温度强烈影响(La et al.，2002；Wang et al.，2004)，自然生态系统土壤有机碳随温度增加呈指数下降。水分也是参与碳酸钙淀积过程的重要成分(钙积)(Tan et al.，2008)，干旱区适量的土壤含水量有利于 $CaCO_3$ 的形成，Lal(2004)研究认为植被和微生物活动能显著改变水分的下渗，从而改变无机碳的淋溶状况和次生碳酸盐的沉淀。土壤无机碳受淋溶影响剖面分布也被认为比较复杂(Díaz-

Hernández et al.，2008），甚至在强降水和剧烈生物活动的共同作用下，碳酸盐几乎完全淋溶（Wang et al.，2010）。因此，气温、降水及蒸发等气象因子对土壤有机碳和无机碳含量及分布的影响较为明显，是空间分布预测的重要协变量。本研究所选择的气象数据主要包括新疆多年平均气温、多年平均降水和新疆地表蒸散量数据，其中多年平均气温和多年平均降水数据来源于新疆气象站点 1961s—2010s 期间的平均监测数据，新疆地表蒸散数据来源于张山清等（2011）的研究成果。

5.1.4　土地利用

已有研究表明区域尺度上不同土地利用的土壤有机碳含量有明显差异（Chaplot et al.，2009；David et al.，2009；Zhang et al.，2011b）。但区域尺度如省域尺度上影响土壤有机碳空间分布的主要影响因子是土地利用还是土壤类型等其他因素尚不明确（顾成军等，2013），土地利用对土壤无机碳的影响也鲜见报道。还有研究表明，在土壤有机碳空间分布的预测性制图中，引入土地利用方式等定性因素的预测方法，与仅以地形因子和植被指数等定量因素作为辅助变量的方法相比，可显著地提高预测精度（Zhang et al.，2012；Mishra et al.，2010；史文娇等，2011），这是因为定性因素可在一定程度上影响定量因子对土壤有机碳空间分布的作用（Wang et al.，2009；李启权等，2014）。

为进一步分析探究土地利用等人类活动对土壤有机碳和无机碳含量及分布的影响，提高预测精度，本研究将土地利用状况作为空间分布预测的辅助变量之一进行分析研究。采用的定量模型预测土壤有机碳和无机碳的空间分布特征，需要对土地利用进行定量化。土地利用程度定量化的基础是建立在土地利用程度的极限上，土地利用的上限，即土地资源的利用达到顶点，人类无法对其进行进一步的利用与开发；土地利用的下限，即人类对土地资源开发利用的起点。基于新疆 2010 年土地利用现状图，采用庄大方（1997）等提出的土地利用程度综合指数模型，将土地根据其利用方式的不同分为 4 级并赋予分级指数（表 5-1），从而得到土地利用程度的定量化表示。

表 5-1　土地利用程度分级赋值表

类型	未利用土地级	林、草、水用地级	农业用地级	城镇聚落用地级
土地利用类型	未利用土地或难利用土地	林地、草地、水域	耕地、园地人工草地	城镇、居民点、工矿用地、交通用地
分级指数	1	2	3	4

$$L_a = 100 \times \sum_{i=1}^{n} A_i \times C_i \qquad (5\text{-}1)$$

式中　L_a——某单元的土地利用程度综合指数；

　　　A_i——该单元第 i 级土地利用程度分级指数；

　　　C_i——该单元第 i 级土地利用程度的面积百分比。

土地利用综合指数（L_a）的取值为 $[100, 400]$ 上的连续函数，其分布如图 5-2 所示。由此可见，土地利用程度综合量化指标体系是一个从 100~400 之间连续变化的指标，在一定单位栅格区域内，综合指数的大小即反映了土地利用程度的高低，在此基础上，任何地区的土地利用程度均可以通过计算其综合指数的大小而得到。综上，本研究选取的各类环境辅助变量见表 5-2。

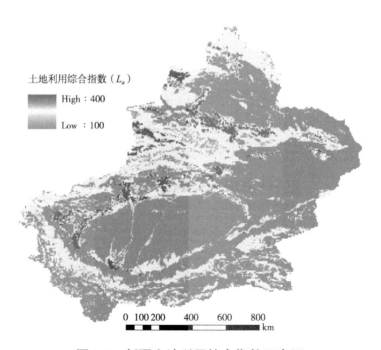

土地利用综合指数（L_a）

High：400

Low：100

0　100　200　　400　　　600　　　800　km

图 5-2　新疆土地利用综合指数示意图

表 5-2　新疆土壤有机碳／无机碳定量预测模型辅助变量

序号	变量	缩写	来源
1	高程	H	DEM
2	坡度	S	DEM
3	坡向	A	DEM
4	平面曲率	Ct	DEM
5	剖面曲率	Cp	DEM
6	复合地形指数	CTI	DEM
7	月平均归一化植被指数	$NDVI$	MODIS 数据
8	多年平均降水	P	气象站点监测
9	多年平均气温	T	气象站点监测
10	地表蒸散量	ET	气象站点监测
11	土地利用综合指数	L_a	土地利用现状图

5.2　预测因子选择

本研究根据地形地貌数据、气象数据和土地利用数据获得了 11 个与土壤有机碳和无机碳相关的环境变量数据，为了确定这些变量对土壤有机碳和无机碳预测的贡献程度，对土壤有机碳、无机碳与 11 个环境变量进行了 Pearson 相关分析(表 5-3、表 5-4)和多重共线性检验(表 5-5、5-6)。

表 5-3　新疆土壤有机碳与环境变量之间的 Pearson 相关性检验

参数	H	S	A	Ct	Cp	CTI	$NDVI$	P	T	ET	L_a
SOC	0.25**	0.27**	−0.02	−0.01	−0.07	−0.22**	0.20**	0.48**	−0.31**	−0.39**	0.10*
H	1	0.56**	−0.04	0.09*	0.01	−0.59*	−0.07	0.35**	−0.49**	−0.58**	−0.22**
S		1	−0.09**	0.20**	−0.07	−0.51**	−0.02	0.37**	−0.46**	−0.50**	−0.16**
A			1	0.03	0.01	0.03	−0.01	0.02	0.02	0.01	0.05
Ct				1	−0.56*	−0.07	0.01	0.08	−0.05	−0.05	−0.01
Cp					1	0.04	−0.07	−0.07	0.01	−0.01	−0.02
CTI						1	−0.04	−0.50**	0.56**	0.60**	0.06
$NDVI$							1	0.20**	0.07	−0.08	0.51**

（续）

参数	H	S	A	Ct	Cp	CTI	$NDVI$	P	T	ET	L_a
P								1	-0.70^{**}	-0.74^{**}	0.09^{*}
T									1	0.80^{**}	0.14^{**}
ET										1	0.04
L_a											1

注：SOC：土壤有机碳；H：高程；S：坡度；A：坡向；Ct：平面曲率；Cp：剖面曲率；CTI：复合地形指数；$NDVI$：归一化植被指数；P：多年平均降水；T：多年平均气温；ET：地表蒸散量；L_a：土地利用综合指数。"$**$"表示在0.01水平（双侧）上极显著相关；"$*$"表示在0.05水平（双侧）上显著相关。

表5-4　新疆土壤无机碳与环境变量之间的 Pearson 相关性检验

参数	H	S	A	Ct	Cp	CTI	$NDVI$	P	T	ET	L_a
SIC	-0.02	-0.20^{**}	0.03	0.00	0.00	0.06	0.04	-0.16^{**}	0.30^{**}	0.15^{**}	0.12^{**}
H	1	0.59^{**}	0.00	0.06	-0.03	-0.63^{**}	-0.05	0.39^{**}	-0.50^{**}	-0.59^{**}	-0.21^{**}
S		1	-0.04	0.10^{*}	0.03	-0.54^{**}	0.02	0.39^{**}	-0.48^{**}	-0.49^{**}	-0.19^{**}
A			1	-0.02	0.01	0.03	0.02	0.01	0.01	0.01	0.01
Ct				1	-0.56^{**}	-0.06	0.06	0.14^{**}	-0.06	-0.09^{*}	0.01
Cp					1	0.01	-0.10^{*}	-0.15^{**}	0.05	0.06	-0.02
CTI						1	-0.03	-0.50^{**}	0.57^{**}	0.60^{**}	0.07
$NDVI$							1	0.24^{**}	-0.02	-0.14^{**}	0.52^{**}
P								1	-0.74^{**}	-0.78^{**}	0.10^{*}
T									1	0.80^{**}	0.12^{**}
ET										1	0.03
L_a											1

注：SIC：土壤无机碳；H：高程；S：坡度；A：坡向；Ct：平面曲率；Cp：剖面曲率；CTI：复合地形指数；$NDVI$：归一化植被指数；P：多年平均降水；T：多年平均气温；ET：地表蒸散量；L_a：土地利用综合指数。"$**$"表示在0.01水平（双侧）上极显著相关；"$*$"表示在0.05水平（双侧）上显著相关。

表5-5　新疆土壤有机碳解释变量之间的多重共线性检验

变量	t 检验值	显著水平	共线性统计量	
			容差	VIF
H	2.16	0.03	0.49	2.05
S	2.38	0.02	0.62	1.63
CTI	2.48	0.01	0.51	1.96

（续）

变量	t 检验值	显著水平	共线性统计量	
			容差	VIF
NDVI	2.86	0.00	0.86	1.17
P	7.10	0.00	0.38	2.67
T	0.98	0.33	0.29	3.40
ET	−0.70	0.48	0.24	4.26

表 5-6　土壤无机碳解释变量之间的多重共线性检验

变量	t 检验值	显著水平	共线性统计量	
			容差	VIF
S	−1.88	0.06	0.71	1.40
P	0.21	0.84	0.34	2.96
T	6.42	0.00	0.30	3.32
ET	−3.48	0.00	0.27	3.72
L_a	1.20	0.23	0.88	1.14

由表 5-3、表 5-4 可见，土壤有机碳与高程（H）、坡度（S）、复合地形指数（CTI）、多年平均降水（P）、多年平均气温（T）、地表蒸散量（ET）极显著相关，与土地利用综合指数（L_a）显著相关，而与其他因素的相关程度未达显著水平。土壤无机碳与坡度（S）、多年平均降水（P）、多年平均气温（T）、地表蒸散量（ET）、土地利用综合指数（L_a）极显著相关，而与其他因素的相关程度未达显著水平。由此也可见，坡度（S）、多年平均降水（P）、多年平均气温（T）、地表蒸散量（ET）对土壤有机碳和无机碳的影响较为显著。以极显著水平的相关性为据，将极相关的环境变量作为土壤有机碳和无机碳的辅助解释变量。

表 5-3、5-4 显示，作为土壤有机碳和无机碳的解释变量之间的相关性也达显著水平，考虑到这些变量在回归过程中存在多重共线性的可能，为此，需要对解释变量进行容差（tolerance）和方差膨胀因子（variance inflation factor，VIF）检验（Robinson et al.，2009）（表 5-5、5-6），做进一步筛选。

土壤有机碳和无机碳的结果（表 5-5、5-6）显示，这些解释变量之间的方差膨胀系数（VIF）都小于 7.5，表明这些解释变量之间不存在多重共线性现象或共线性现象较弱，可以作为模型参数进行定量预测。

5.3 基于 OK、MLR、RK、GWR、GWRK 的土壤有机碳空间分布预测

5.3.1 土壤有机碳空间分布预测分析

利用 5.1 中筛选的土壤有机碳的 7 个解释变量作为自变量, 分别用多元线性回归(MLR)模型与地理加权回归(GWR)模型对土壤有机碳进行回归分析, 得到了 $AICc$、决定系数(R^2)、调节决定系数($ADJ-R^2$)及残差平方和(RSS)的统计量(表 5-7)。结果显示, 地理加权回归(GWR)模型的 $AICc$ 值较多元线性回归(MLR)降低了 38 个单位, 决定系数 R^2 也由 0.28 提高到 0.38, 调节决定系数 $ADJ-R^2$ 提高了 0.08 说明地理加权回归(GWR)模型对土壤有机碳的解释程度要比多元线性回归(MLR)模型的高近 10%。因此, 可以认为在利用同样参数的情况下, 地理加权回归(GWR)模型能显著提高回归的决定系数。从两个回归模型的残差平方和(RSS)来看, 地理加权回归(GWR)模型也较多元线性回归(MLR)有较小的残差, 说明地理加权回归(GWR)模型回归得到的结果精度更高。

表 5-7 MLR 和 GWR 模型预测土壤有机碳拟合的诊断变量

模型	AICc	R2	ADJ-R2	RSS
MLR	3508.12	0.28	0.26	30499.23
GWR	3470.70	0.38	0.34	25723.39

为了充分认识和揭示新疆土壤有机碳的空间分布规律, 在多元线性回归(MLR)模型和地理加权回归(GWR)模型拟合的基础上, 分别选用普通克里格(OK)、回归克里格(RK)和地理加权回归克里格(GWRK)等模型进行空间分布预测(图 5-3)。5 个模型预测的土壤有机碳密度的空间结构及分布趋势大致相似, 研究区中部天山山脉中段至西段的土壤有机碳密度大于 21kg/m², 高于研究区其他区域, 研究区东部及中部塔里木盆地区域内土壤有机碳密度小于 6kg/m², 其中大部分区域甚至小于 3kg/m², 为研究区土壤有机碳密度最低的区域。5 个模型中, 普通克里格(OK)模型基于样点的数值, 主要考虑土壤有机碳密度自身的地理位置和空间结构, 而未考虑环境

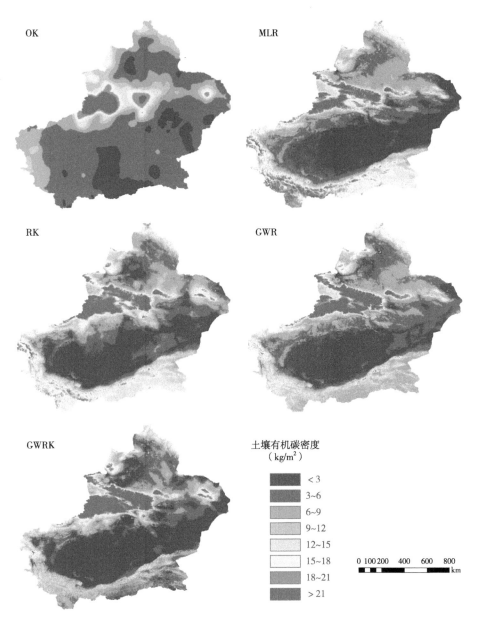

图 5-3 应用 OK，MLR，RK，GWR，GWRK 模型预测的
土壤有机碳密度空间分布示意图

变量的影响，因而在研究区的东南部，由于样点覆盖较少，虽然受许多环境因素的影响，但预测结果趋于一致。多元线性回归（MLR）模型基于环境变量与土壤有机碳密度之间的拟合关系，而未体现样点的地理位置及空间结构对结果的影响。地理加权回归（GWR）模型在考虑环境变量与土壤有机碳密度之间的拟合关系的同时，还弥补地理位置因素对结果的影响。多元线性回归（MLR）模型和地理加权回归（GWR）模都预测了土壤有机碳密度在整个区域的分布趋势，但消除了研究区局部变异性及残差的影响，因而这两种回归模型预测的图斑较为平滑。而回归克里格（RK）模型与地理加权回归克里格（GWRK）模型是在多元线性回归（MLR）模型和地理加权回归（GWR）模型拟合的基础上，还充分考虑局部分布特征以及残差对预测结果的影响，因而更为全面、准确反映了空间分布特征。

5.3.2 模型验证和评价

5个预测模型的检验结果见表5-8，地理加权回归（GWR）模型的预测精度相对较高，拥有最低的 $MAEE$ 值（4.450kg/m^2）、RMSE 值（6.125kg/m^2）和最高的相关系数（0.625）。普通克里格（OK）模型由于只考虑了土壤有机碳密度样点位置及数值，未考虑环境变量的影响，因而预测精度最低，MAEE 和 RMSE 值均最高，相关性也最弱（$R = 0.541$）。而地理加权回归克里格（GWRK）和回归克里格（RK）模型的预测精度没有预期的理想，$MAEE$ 和 $RMSE$ 值相对较高，地理加权回归克里格（GWRK）模型的相关性接近地理加权回归（GWR）模型，而回归克里格（RK）模型的相关性接近普通克里格（OK）模型，原因是由于模型残差值分布不均且数量较少（相比整个研究区），对局部土壤有机碳密度的分布特征解释效果较差造成。由于多元线性（MLR）模型仅考虑了环境变量与土壤有机碳密度的拟合关系，而未考虑空间结构分布特征，其精度介于地理加权回归（GWR）模型和普通克里格（OK）模型之间，这也说明空间结构和环境变量共同影响模型对土壤有机碳密度的预测精度。

表 5-8 土壤有机碳预测模型的预测精度评价

模型	$MAEE$	$RMSE$	MRE	R
OK	4.822	6.807	0.491	0.541
MLR	4.461	6.248	0.537	0.608
GWR	4.450	6.125	0.490	0.625
RK	4.730	6.763	0.482	0.572
GWRK	4.535	6.322	0.465	0.615

5.4 基于 OK、MLR、RK、GWR、GWRK 的土壤无机碳空间分布预测

5.4.1 土壤无机碳空间分布预测分析

利用5.1中筛选的土壤无机碳的5个解释变量作为自变量，分别用多元

线性回归(MLR)与地理加权回归(GWR)模型对土壤无机碳进行回归分析，得到了 $AICc$、决定系数(R^2)、调节决定系数($ADJ-R^2$)及残差平方和(RSS)的统计量(表 5-9)。结果显示，地理加权回归(GWR)模型的 $AICc$ 值较多元线性回归(MLR)模型降低了 82 个单位，决定系数 R^2 也由 0.12 提高到 0.38，调节决定系数 $ADJ-R^2$ 提高了 0.20 说明地理加权回归(GWR)模型对土壤有机碳的解释程度要比多元线性回归(MLR)模型的高 20%。

表 5-9　MLR 和 GWR 模型预测无机碳拟合的诊断变量

模型	$AICc$	R^2	$ADJ-R^2$	RSS
MLR	3902.06	0.12	0.10	59508.82
GWR	3820.80	0.38	0.30	42441.31

从两个回归模型的残差平方和(RSS)来看，地理加权回归(GWR)模型也较多元线性回归(MLR)有较小的残差，说明地理加权回归(GWR)模型回归得到结果的精度更高。从多元线性回归(MLR)模型较低的决定系数也可见，多元线性回归(MLR)模型对土壤无机碳密度的解释能力较差，说明空间位置对新疆土壤无机碳密度的拟合效果影响较大。

图 5-3 显示了普通克里格(OK)、多元线性回归(MLR)、回归克里格(RK)、地理加权回归(GWR)和地理加权回归克里格(GWRK)5 个模型预测土壤无机碳密度的空间分布特征，总体趋势大致相似，研究区南部无机碳密度明显高于北部。研究区南部的塔里木盆地东部和西部无机碳密度大于 $24kg/m^2$，高于研究区其他区域，研究区北部无机碳密度小于 $5kg/m^2$，为研究区无机碳密度最低值分布区。5 个模型中，普通克里格(OK)模型和地理加权回归克里格(GWRK)模型预测的分布特征相似，说明新疆土壤无机碳密度的空间分布受环境变量的影响较小，而与土壤无机碳自身含量及空间结构布局有较强关系。多元线性回归(MLR)模型和地理加权回归(GWR)模型预测的分布特征相近，显示了整个研究区内土壤无机碳密度的总体分布趋势，由于缺少残差数据，这两个模型未能预测出研究区局部的无机碳密度分布特征。地理加权回归(GWR)较多元线性回归(MLR)增加了变量的地理位置信息，因而预测的土壤无机碳密度在空间上趋势更明显，不同密度之间分布的距离也更清晰。回归克里格(RK)模型较多元线性回归(MLR)模型增加了残差的影响，除了中部天山区，研究区北部准噶尔盆地和南部塔

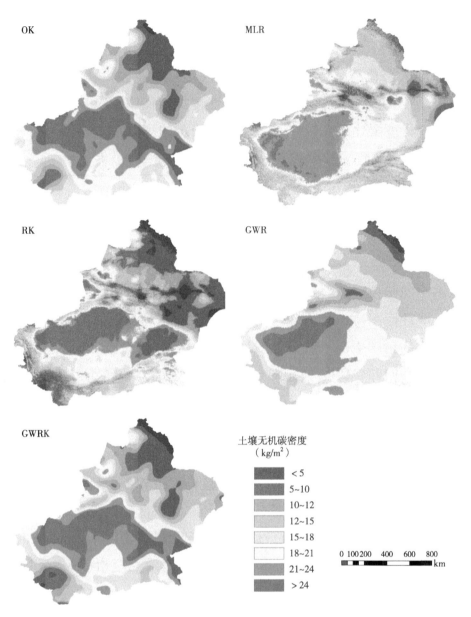

图 5-4　应用 OK，MLR，RK，GWR，GWRK 方法预测的
土壤无机碳密度空间分布示意图

里木盆地的变化较大，说明这两个区域的残差值偏高，对预测精度影响较大。地理加权回归克里格（GWRK）模型预测的土壤无机碳密度分布特征较回归克里格（RK）模型增加了位置信息，较地理加权回归克里格（GWR）模型增加了残差数据，因而既有明显的距离变化趋势，又有局部分布特征的表现。

5.4.2 模型验证和评价

5 个预测模型的检验结果见表 5-10，地理加权回归克里格(GWRK)模型的预测精度相对较高，拥有最低的 *MAEE* 值(5.824kg/m²)、RMSE 值 (7.242kg/m²)和最高的相关系数(0.718)。多元线性回归(MLR)模型由于未考虑空间位置信息，因而预测精度较低，其 *MAEE*，*RMSE* 和 *MRE* 值是所有模型中最高的，相关系数仅为 0.494，这也充分说明空间位置信息对土壤无机碳密度的影响高于环境变量的影响，与空间分布特征显示的一致。地理加权回归(GWR)模型预测的精度高于多元线性回归(MLR)模型，却低于回归克里格(RK)模型的精度，说明残差数据对土壤无机碳密度的影响影响较大，也表明基于现有的数据量难以提高研究区局部的预测精度。

表 5-10 土壤无机碳预测模型的预测精度评价

模型	*MAEE*	*RMSE*	*MRE*	*R*
OK	5.952	7.279	0.402	0.708
MLR	7.717	9.358	0.435	0.494
GWR	6.549	7.942	0.427	0.673
RK	5.896	7.524	0.404	0.686
GWRK	5.824	7.242	0.400	0.718

5.5 土壤有机碳空间分布影响因素分析

不同环境变量对土壤有机碳密度的空间分布具有很强的地理空间特征。本研究基于地理加权回归模型(GWR)拟合的结果，对比分析各解释变量的系数值在空间上的分布特征(图 5-5)，以此探究影响土壤有机碳空间分布的因素及影响范围。

将研究区地理位置上绝对值最大的系数值作为该地理位置主要的控制变量，进而确定该地理位置最主要的影响因素。图 5-5a 显示了土壤有机碳解释变量中控制变量的分布特征，7 个解释变量中控制变量只有 1 个，即归一化植被指数(*NDVI*)。相比其余解释变量，归一化植被指数(*NDVI*)的绝对值最大，控制整个新疆区域的有机碳空间分布。归一化植被指数(*NDVI*)对

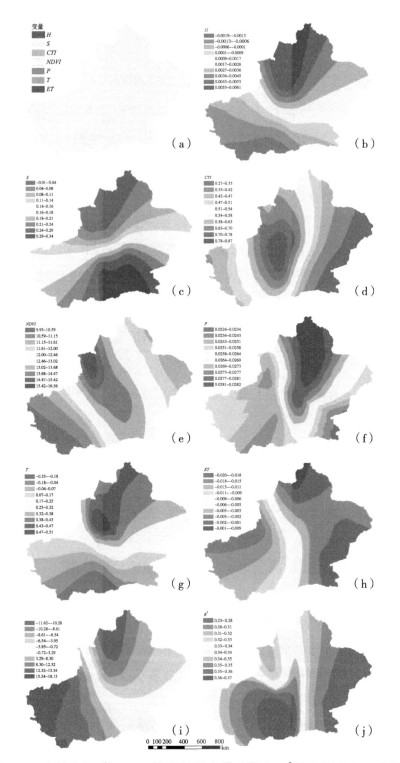

图 5-5 土壤有机碳 GWR 模型解释变量系数和 R^2 的空间分布示意图

注：(a)控制变量；(b)高程(H)；(c)坡度(S)；(d)复合地形指数(CTI)；(e)归一化植被指数($NDVI$)；(f)多年平均降水(P)；(g)多年平均气温(T)；(h)地表蒸散量(ET)；(i)常量；(j)R^2。

土壤有机碳空间分布的影响强度自中西部向东北、西南逐渐降低，这与归一化植被指数($NDVI$)的空间分布特征相似，植被覆盖率越高的区域对土壤有机碳影响程度越强(图 5-5e)。其余的 6 个解释变量高程(H)、坡度(S)、复合地形指数(CTI)、多年平均降水(P)、多年平均气温(T)及地表蒸散量(ET)在整个研究区并未对土壤有机碳密度的空间分布起到主要作用，或者可以认为在空间上与土壤有机碳密度的相关性较弱(图 5-5)。

　　图 5-5 所示，高程(H)、多年平均降水(P)和地表蒸散量(ET)的系数值均较小，其绝对值不足 0.1，对土壤有机碳的空间分布影响程度最小。高程(H)对土壤有机碳空间分布的影响范围主要分布在新疆北部和南部区域(图 5-5a)。在新疆北部区域，高程(H)与土壤有机碳密度呈正相关，随着高程的升高，较多的降水和较高的植被覆盖度有利于有机碳的积累；而在新疆南部区域，高程(H)与土壤有机碳密度呈负相关，高程较低的绿洲区域受耕作等因素影响有机碳相对丰富，冰雪覆盖的高原区域及山脉顶部有机碳密度较低。多年平均降水(P)对土壤有机碳影响主要体现在新疆北部和中部地区(图 5-5f)，呈正相关。地表蒸散量(ET)主要影响新疆西南地区，与该区域土壤有机碳密度呈负相关，说明地表蒸发越旺盛，有机碳密度越低(图 5-5h)。

　　多年平均气温(T)对土壤有机碳空间分布的影响与高程(H)相似，主要影响新疆北部和南部地区(图 5-5g)，对东部地区的影响偏弱，在新疆北部土壤有机碳密度随气温升高而增加，而在新疆南部气温与土壤有机碳密度呈负相关。坡度(S)对土壤有机碳密度空间分布的影响主要分布在新疆地区的东南部(图 5-5c)，呈正相关；复合地形指数对土壤有机碳密度空间分布的影响主要分布在研究区的中部，并向东西两个方向影响程度逐渐降低(图 5-5d)，也呈正相关。截距(图 5-5i)是地理加权回归模型(GWR)的常数，其变化范围为$-11.62 \sim 18.13$。R^2是评价地理加权回归模型(GWR)拟合程度的重要指标，其数值可以用来确定回归模型解释变量变化的程度。地理加权回归模型(GWR)是一种空间回归模型，因此预测结果因地理位置不同而不同。R^2的分布图(图 5-5j)显示地理加权回归模型(GWR)预测结果较好的区域分布在研究区的南部区域(最大值为 0.37)，东部区域的预测结果较差(最小值为 0.23)。

5.6　土壤无机碳空间分布影响因素分析

　　土壤无机碳的影响因素分析也是基于地理加权回归模型(GWR)的结果,各影响因素表现出明显的空间差异性。同样根据各解释变量的系数值确定不同地理位置的主要控制变量,作为该地理位置最主要的影响因素。

　　图 5-5a 显示了土壤无机碳 5 个控制变量系数的空间分布图,这 5 个控制变量系数源于地理加权回归模型(GWR)中的 5 个解释变量,说明坡度(S)、多年平均降水(P)、多年平均气温(T)、地表蒸散量(ET)及土地利用综合指数(L_a)对土壤无机碳空间分布的影响都起到了关键性作用。然而,这 5 个控制变量的影响范围不同,控制面积所占的百分比从高到低依次为:多年平均降水(P)(47.76%),地表蒸散量(ET)(21.38%),多年平均气温(T)(17.36%),坡度(S)(9.44%),土地利用综合指数(L_a)(4.05%)。多年平均降水(P)对新疆土壤无机碳的空间分布影响范围接近50%,主要影响新疆的东南大部分区域和西南部分区域,北部和中部地区也有一定范围的影响。从图 5-5c 中可知,多年平均降水(P)的系数绝对值较高,说明与土壤无机碳的相关性较强,在北部和南部区域呈正相关,东部地区呈负相关,在这些区域较其他环境变量的影响更为突出。地表蒸散量(ET)(图 5-5e)的系数绝对值也较高(18.18~21.70),主要影响新疆中部、西部、东北部和北部部分区域土壤无机碳的空间分布,在西部和北部区域与土壤无机碳呈正相关,中部区域呈负相关。图 5-5d 显示了多年平均气温(T)的系数分布,在新疆中部区域与土壤无机碳密度的相关性较强,相关系数值达 44.24,说明在中部大部分区域及西北区域随气温的升高,无机碳密度有增高的趋势。

　　坡度(S)对土壤无机碳的空间分布影响范围相对较小,主要分布在东部、西部及南部部分区域(图 5-5a),在新疆东部大部分区域内呈正相关,北部和南部区域内呈负相关(图 5-5b),说明在这些区域土壤无机碳密度的分布受坡度影响更加明显。土地利用综合指数(L_a)是人类活动对土地开发利用程度的评价指数,是体现人为因素对土壤无机碳含量及分布的影响,在整个研究区中的影响范围最小,主要分布于中南部区域和西部部分区域(图 5-5a)。土地利用综合指数(L_a)与土壤无机碳密度相关性较强的区域分布在北部和南部的部分区域(图 5-5f),然而,南部区域的土地利用程度并

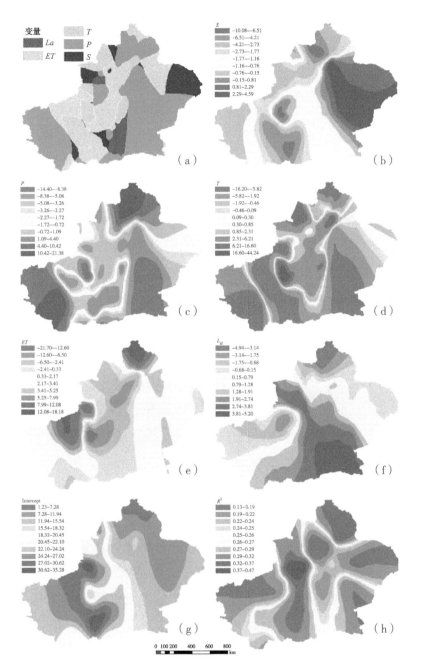

图 5-6　土壤无机碳 GWR 模型解释变量系数和 R^2 的空间分布示意图

注:(a)主要变量;(b)坡度(S);(c)多年平均降水(P);(d)多年平均气温(T);(e)地表蒸散量(ET);(f)土地利用综合指数(L_a);(g)常量;(h)R^2

不高(图 2-5),说明这些区域提高土地利用程度有利于土壤无机碳的积累,而在北部和西部地区土地利用程度相对较高,却不利于土壤无机碳积累,其主要原因是这些区内土地利用综合指数并不是首要控制变量(图 5-5a),因而影响作用相对较小。截距(图 5-5g)是地理加权回归模型(GWR)的常数项，其范围为 1.23~35.28。决定系数 R^2 的空间分布图(图 5-5h)显示了地理加权回归模型(GWR)预测效果较好的区域为研究区的中西部、南部和北部部分区域(最大值为 0.47)，预测效果较差的区域为东部和西部区域(最小值为 0.13)。

5.7 小结

本研究基于基础环境数据分别提取影响土壤有机碳和无机碳空间分布的地形因子、气候因子、植被因子及土地利用等人为因子，并通过相关性分析和共线性诊断从 11 个环境变量筛选出 7 个影响土壤有机碳空间分布和 5 个影响土壤无机碳空间分布的解释变量。在此基础上，分别运用普通克里格(OK)、多元线性回归(MLR)、回归克里格(RK)、地理加权回归(GWR)、地理加权回归克里格(GWRK)5 个模型预测新疆土壤有机碳和无机碳的空间分布。结果显示：研究区中部天山山脉中段至西段的土壤有机碳密度大于 $21kg/m^2$，高于研究区其他区域，研究区东部及中部塔里木盆地区域内土壤有机碳密度小于 $6kg/m^2$，其中大部分区域甚至小于 $3kg/m^2$，为研究区土壤有机碳密度最低的区域。研究区南部无机碳密度明显高于北部。研究区南部的塔里木盆地东部和西部无机碳密度大于 $24kg/m^2$，高于研究区其他区域，研究区北部无机碳密度小于 $5kg/m^2$，为研究区无机碳密度最低值分布区。地理加权回归模型(GWR)对新疆土壤有机碳密度的空间分布预测精度相对较高，拥有最低的 $MAEE$ 值($4.450kg/m^2$)、$RMSE$ 值($6.125kg/m^2$)和最高的相关系数(0.625)；GWRK 模型对新疆土壤无机碳密度的空间分布预测精度相对较高，拥有最低的 $MAEE$ 值($5.824kg/m^2$、$RMSE$ 值($7.242kg/m^2$)和最高的相关系数(0.718)。影响土壤有机碳空间分布的 7 个解释变量中主要有 1 个变量起到主要控制作用，即归一化植被指数($NDVI$)，控制着整个新疆的土壤有机碳空间分布。影响新疆土壤无机碳密度空间分布的 5 个解释变量都起主要控制作用，这 5 个控制变量的影响范围不同，控制面积所占的百分比从高到低依次为：多年平均降水(P)(47.76%)、地表蒸散量(ET)(21.38%)、多年平均气温(T)(17.36%)、坡度(S)(9.44%)、土地利用综合指数(L_a)(4.05%)。

第6章

新疆土壤碳库储量估算

6.1 基于土壤类型分布图的土壤有机碳/无机碳储量估算

根据新疆土壤类型图(图2-3)中不同土壤类型的图斑面积，去除冰川雪被、河流、湖泊及河流湖泊中心沙洲、岛等非土壤区域，结合剖面点土壤有机碳与无机碳的平均密度，统计得到了土壤有机碳与土壤无机碳的储量分布(表6-1)，计算方法详见 2.3.1。

表 6-1　基于新疆土壤类型图的土壤有机碳/无机碳储量估算统计表

土壤碳类型	面积(km^2)	储量(Pg)	百分比(%)
土壤有机碳	1619249.52	11.74	30.53
土壤无机碳	1619249.52	26.71	69.47
合　计	1619249.52	38.45	100.00

表6-1 显示，基于土壤类型图估算的新疆全区土壤(0~100cm)碳储量为38.45Pg，其中，有机碳储量为 11.74Pg，无机碳储量为 26.71Pg，分别占新疆土壤碳库储量的 30.53% 和 69.47%。无机碳储量约为土壤有机碳储量的 2.34倍。受研究数据的限制，每种土壤类型中的样点分布不均匀，有的图斑中样点相对集中，有的图斑中样点分散，甚至较少，加之土壤类型图的比例尺相对较小，因而按照土壤类型图斑进行统计估算时，存在一定的误差。

6.2 基于模型预测分布图的土壤有机碳/无机碳储量估算

根据本书第 5 章土壤有机碳和无机碳的最佳预测方法预测的碳密度空间

分布图,除去冰川雪被、河流、湖泊及河流湖泊中心沙洲,岛等非土壤区域(图6-1,图6-2),经过栅格运算得到了新疆土壤碳库的空间分布图(图6-3)。由3张图可见,新疆土壤有机碳密度变化范围为0.86~42.05kg/m²,土壤无机碳密度变化范围为0.28~34.09kg/m²;新疆土壤总碳密度的变化范围为5.91~55.99kg/m²。在此基础上对栅格数据进行统计汇总,分别得到新疆土壤有机碳和无机碳储量的估算结果(表6-2)。

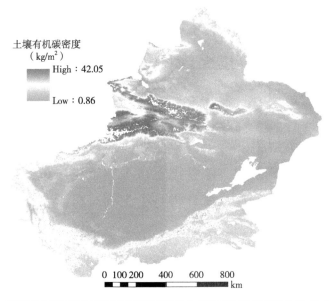

图6-1 基于最优预测模型预测的新疆土壤有机碳密度空间分布示意图

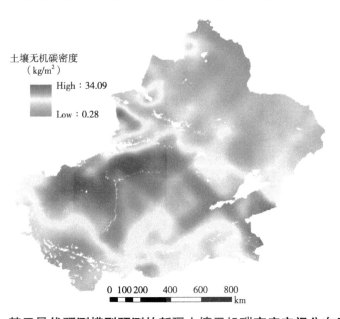

图6-2 基于最优预测模型预测的新疆土壤无机碳密度空间分布示意图

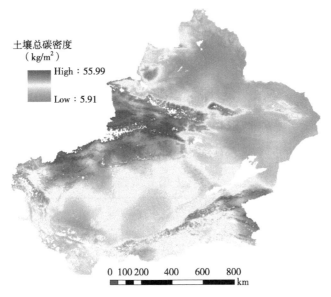

土壤总碳密度
（kg/m²）
High : 55.99
Low : 5.91

0 100 200 400 600 800
km

图 6-3 新疆土壤总碳密度空间分布示意图

表 6-2 基于模型预测分布图的土壤有机碳/无机碳储量估算统计表

土壤碳类型	面积（km²）	储量（Pg）	百分比（%）
土壤有机碳	1561981.08	19.56	41.97
土壤无机碳	1561981.08	27.04	58.03
合　计	1561981.08	46.60	100.00

统计结果显示，新疆土壤（0~100cm）土壤碳储量为 46.60Pg，其中，有机碳储量为 19.56Pg，土壤无机碳储量为 27.04Pg，分别占新疆土壤碳库储量的 41.97% 和 58.03%。土壤无机碳储量约为土壤有机碳储量的 1.38 倍。基于模型预测的土壤碳空间分布图，充分考虑了土壤碳的空间变异性及各类环境变量的影响，基于单元栅格进行统计计算，因而其估算结果较基于土壤类型图估算结果的精度更高。本研究采用定量模型预测的结果进行后续分析探讨。

新疆土壤有机碳及无机碳储量（定量数据估算结果）约占中国总有机碳储量（83.8Pg）的 23.34% 和总无机碳储量（77.9Pg）的 34.71%（Li et al.，2007）。估算结果显示，新疆无机碳储量巨大，为土壤有机碳储量的 1 倍多，在区域碳循环中的作用不可轻视，巨大的无机碳储库在对全球环境变化的潜在响应以及对气候变化的缓解过程中具有重要地位（Jimenez et al.，2006），近期的相关研究也证明了陆地范围内无机碳的动态变化可能比有机碳更重要（Stone，2008；Xie et al.，2009）。

6.3　基于五大生态区的新疆碳储量分析

根据最佳预测模型预测的土壤有机碳和无机碳密度空间分布图（图6-1、图6-2），结合《新疆生态功能区划》（艾努瓦尔等，2006）中新疆生态类型区划图（图5-1），分别统计五大生态区的土壤有机碳和无机碳储量（表6-3）。

表6-3　新疆五大生态区土壤有机碳/无机碳储量统计表

生态区	面积（km²）	面积百分比（%）	土壤有机碳（Pg）	百分比（%）	土壤无机碳（Pg）	百分比（%）
I	128140.44	8.20	1.93	9.87	1.29	4.77
II	184361.71	11.80	1.77	9.05	2.07	7.66
III	426396.00	27.30	7.83	40.03	6.83	25.26
IV	526637.80	33.72	2.89	14.78	12.05	44.56
V	296445.19	18.98	5.13	26.23	4.80	17.75
合计	1561981.14	100.00	19.56	100.00	27.04	100.00

统计结果显示，新疆五大生态区土壤有机碳储量由大到小的顺序为：III＞V＞IV＞I＞II；土壤无机碳储量由大到小的顺序为：IV＞III＞V＞II＞I。其中，天山山地干旱草原—针叶林生态区（III）的面积并不是最大的，但其土壤有机碳储量为7.83Pg，占土壤总有机碳储量的40.03%，是五大生态区中有机碳储量最高的，这与该生态区较高的植被覆盖率有着密切关系。阿尔泰、准噶尔西部山地半干旱草原针叶林生态区（I）的面积仅占总面积的8.20%，但土壤有机碳储量占总储量的9.87%，说明该生态区土壤有机碳密度较高，仅次于天山山地干旱草原—针叶林生态区（III）。塔里木盆地暖温带极干旱沙漠、戈壁及绿洲生态区（IV）的无机碳储量为12.05Pg，约为土壤有机碳储量的4.17倍，充分说明这个区域中土壤无机碳对整个碳库的贡献是巨大的。而在准噶尔盆地温带干旱荒漠与绿洲生态区（II）中，土壤无机碳密度较土壤有机碳密度更高，土壤无机碳储量达2.07Pg，说明这个区域内古尔邦通古特沙漠对碳库的贡献可能更突出。此外，五大生态区中海拔最高的帕米尔—昆仑山—阿尔金山干旱荒漠草原生态区（V）的土壤有机碳储量和无机碳储量均较高，分别占土壤总碳库储量的26.23%和17.75%。

6.4　基于土壤类型的新疆碳储量分析

根据最佳预测模型预测的土壤有机碳和无机碳密度空间分布图(图 6-1、图 6-2)，结合《1∶100 万新疆土壤类型图》(图 2-3)，分别统计不同土壤类型的土壤有机碳和无机碳储量(表 6-4)。

表 6-4　新疆不同土壤类型土壤有机碳/无机碳储量统计表

土类编号	土壤类型	面积(km²)	百分比(%)	SOC(Tg)	百分比(%)	SIC(Tg)	百分比(%)
10	棕色针叶林土	853.79	0.055	19.08	0.098	3.53	0.013
15	灰褐土	10902.13	0.698	352.70	1.803	162.15	0.600
17	灰色森林土	3826.82	0.245	86.81	0.444	16.36	0.061
18	黑钙土	25461.99	1.630	663.81	3.393	313.87	1.161
19	栗钙土	72272.81	4.627	1522.18	7.781	1008.40	3.729
22	棕钙土	140632.97	9.003	2006.69	10.257	1980.27	7.323
23	灰钙土	6636.17	0.425	138.67	0.709	147.66	0.546
24	灰漠土	18382.16	1.177	208.19	1.064	232.52	0.860
25	灰棕漠土	81547.57	5.221	658.50	3.366	870.16	3.218
26	棕漠土	230407.08	14.751	1966.63	10.053	4009.81	14.829
29	新积土	1040.80	0.067	13.42	0.069	16.29	0.060
30	龟裂土	4198.76	0.269	28.73	0.147	69.88	0.258
31	风沙土	370548.34	23.723	1960.80	10.023	7860.95	29.071
36	石质土	82335.38	5.271	921.86	4.712	1399.99	5.177
37	粗骨土	54.17	0.003	0.01	0.000	0.52	0.002
38	草甸土	42334.86	2.710	430.85	2.202	851.24	3.148
41	林灌草甸土	20039.04	1.283	147.97	0.756	474.83	1.756
42	潮土	15296.26	0.979	192.36	0.983	323.22	1.195
43	沼泽土	10030.79	0.642	154.87	0.792	190.82	0.706
45	盐土	63060.22	4.037	524.18	2.679	1410.82	5.217
46	漠境盐土	15941.46	1.021	140.93	0.720	375.44	1.388
49	寒原盐土	579.43	0.037	8.21	0.042	8.06	0.030

（续）

土类编号	土壤类型	面积（km²）	百分比（%）	SOC（Tg）	百分比（%）	SIC（Tg）	百分比（%）
50	碱土	78.02	0.005	0.95	0.005	0.84	0.003
51	水稻土	613.94	0.039	13.52	0.069	11.39	0.042
52	灌淤土	9848.80	0.631	95.41	0.488	211.94	0.784
53	灌漠土	2592.27	0.166	32.74	0.167	37.42	0.138
54	草毡土	50231.32	3.216	1481.13	7.571	736.84	2.725
55	黑毡土	27152.16	1.738	834.60	4.266	307.46	1.137
56	寒钙土	56331.41	3.606	871.20	4.453	1004.11	3.713
57	冷钙土	80437.18	5.150	1748.96	8.940	1370.36	5.068
59	寒漠土	23301.43	1.492	408.46	2.088	337.07	1.247
61	寒冻土	95011.61	6.083	1928.95	9.860	1296.58	4.795
合计		1561981.14	100.000	19563.37	100.000	27040.82	100.000

统计结果显示，新疆不同土壤类型中土壤有机碳储量较高的是棕钙土和棕漠土，约占土壤总有机碳储量的 10.257% 和 10.053%；土壤无机碳储量较高的为风沙土和棕漠土，约占土壤总无机碳储量的 29.071% 和 14.829%。新疆各土壤类型中，分布面积最广的是风沙土，占全疆总面积的 23.723%，其有机碳储量占土壤总有机碳储量的 10.023%，而无机碳储量占土壤总无机碳储量的 29.071%，说明风沙土的有机碳密度较低，而无机碳密度较高。分布面积次之的是棕漠土，其有机碳储量占土壤总有机碳储量的 10.053%，低于其所占的面积比例（14.751%）说明其有机碳密度也较低，而无机碳储量所占的比例与其所占的面积比例相当。分布面积排第三位的是棕钙土，其土壤有机碳储量所占总有机碳储量的比例（10.257%）高于其所占的面积比例（9.003%），而无机碳储量（占土壤总无机碳储量的比例为 7.323%）则相反，低于其所占的面积比例，说明棕钙土的有机碳密度高于无机碳密度。

新疆各类土壤类型中，土壤有机碳密度最高的是灰褐土和黑毡土，分别为 32.35kg/m² 和 30.74kg/m²，土壤有机碳密度最低的是风沙土和粗骨土，分别为 5.29kg/m² 和 0.19kg/m²。土壤无机碳密度最高的是林灌草甸土和漠境盐土，分别为 23.70kg/m² 和 23.55kg/m²，土壤无机碳密度最低的是灰色森林土和棕色针叶林土，分别为 4.28kg/m² 和 4.14kg/m²。

6.5 基于土地利用的新疆碳储量分析

根据最佳预测模型预测的土壤有机碳和无机碳密度空间分布图(图6-1,图6-2),结合新疆2000年土地利用现状图(图2-2),按照中国科学院土地资源分类系统,去除湖泊、水库、永久性冰川雪地、滩涂、探底等水域区域,分别统计不同土壤类型的土壤有机碳和无机碳储量(表6-5)。

表6-5 新疆不同土地利用类型土壤有机碳/无机碳储量统计表

土地利用类型	面积 (km²)	百分比 (%)	土壤有机碳 (Pg)	百分比 (%)	土壤无机碳 (Pg)	百分比 (%)
耕地	58877.25	3.85	0.87	4.46	1.14	4.23
林地	37837.50	2.47	0.82	4.18	0.61	2.27
草地	461137.38	30.11	8.53	43.57	7.93	29.34
城镇居民用地	4412.81	0.29	0.06	0.32	0.08	0.29
未利用土地	969035.44	63.28	9.29	47.47	17.27	63.86
合计	1531300.38	100.00	19.56	100.00	27.04	100.00

统计结果显示,新疆不同土地利用类型的土壤碳储量由高到低的顺序为:未利用土地、草地、耕地、林地及城镇居民用地,与各类型的土地面积成正比。未利用土地碳储量约占新疆土壤碳库的57%,其中土壤有机碳和无机碳储量分别占新疆土壤有机碳库和土壤无机碳库的47.47%和的63.86%。在已开发利用的土地中,草地的土壤储量最高,约占新疆有机碳库的43.57%,占无机碳库的29.34%。碳储量最低的是城镇居民用地,其有机碳和无机碳储量仅有0.06Pg和0.08Pg。耕地和林地的碳储量分别占新疆碳库储量的4.31%和3.00%。此外,新疆不同土地利用类型中林地和草地有机碳储量高于无机碳储量,未利用土地的无机碳储量约为有机碳储量的1.86倍。

6.6 小结

本研究基于定性数据(新疆土壤类型图)和定量数据(新疆土壤有机碳和无机碳预测分布图)为工作底图(去除了冰川雪被、河流、湖泊及河流湖泊中心沙洲，岛等非土壤区域），分别对新疆全区碳储量进行估算。估算结果显示，基于定性数据和定量数据估算的新疆碳储量差异明显，分别为38.45Pg 和 46.60Pg。受研究数据的限制，基于定量模型预测的土壤碳储量精度相对较高。然而，Goidts et al.（2009）认为在进行大区域土壤碳储量估计时，土壤土壤普查数据并不是最佳数据，因为缺少土壤管理的相关信息（Frogbrook et al.，2009），土壤容重也存在不确定性（Bell et al.，2009）。由于新疆地区面积广阔，地形地貌复杂多样，虽然土壤普查数据存在时间尺度上的差异性，并且数据相对不足，但已是目前相对可取的估算基础数据。

以新疆碳储量估算的结果为基础，基于新疆五大生态区、不同土壤类型和不同土地利用类型对新疆碳储量进行了分析，结果显示：新疆五大生态区土壤有机碳储量由大到小的顺序为：Ⅲ > Ⅴ > Ⅳ > Ⅰ > Ⅱ；土壤无机碳储量由大到小的顺序为：Ⅳ > Ⅲ > Ⅴ > Ⅱ > Ⅰ。新疆不同土壤类型中土壤有机碳储量较高的是棕钙土和棕漠土，约占土壤总有机碳储量的 10.257% 和 10.053%；土壤无机碳储量较高的为风沙土和棕漠土，约占土壤总无机碳储量的 29.071% 和 14.829%。土壤有机碳密度最高的是灰褐土和黑毡土，密度最低的是风沙土和粗骨土；土壤无机碳密度最高的是林灌草甸土和漠境盐土，密度最低的是灰色森林土和棕色针叶林土。新疆不同土地利用类型的土壤碳储量由高到低的顺序为：未利用土地、草地、耕地、林地及城镇居民用地，与各类型的土地面积成正比。

第7章

新疆典型绿洲土壤碳库分布特征

7.1 新疆绿洲不同开垦期土壤碳库的剖面分布特征

7.1.1 土壤碳剖面分布规律

7.1.1.1 土壤有机碳

从土壤有机碳的剖面分布上看(图7-1),表层土壤含量最高,随深度增加逐渐降低,在剖面底部达最低值,不同开垦期及未开垦土壤有机碳在剖面中的分布存在较大差异。在0~220cm土体内,已开垦土壤的有机碳含量高于未开垦土壤;而在260cm以下的土体内,未开垦土壤有机碳平均含量为0.71g/kg高于已开垦土壤有机碳平均含量0.41g/kg。在表层0~20cm层次内,开垦20a土壤的有机碳平均含量为6.90g/kg,高于其他年份及未开垦土壤。开垦20a土壤的有机碳明显高于未开垦土壤,随着开垦时间的延长,土壤有机碳增加趋势减缓,开垦50a土壤的有机碳含量与未开垦土壤趋于一致。在0~220cm土体内土壤的有机碳平均含量基本趋势为20a>30a>50a>未开垦土壤。在220cm层次以下的土体内已开垦土壤的有机碳平均含量差异不大,平均含量不足1g/kg。

7.1.1.2 土壤无机碳

土壤无机碳在剖面中的分布也具有一定规律(图7-2),未开垦土壤无机碳在剖面中分布杂乱,趋势不明显,而已开垦土壤的无机碳随剖面深度(0~260cm)增加呈先增加后减少的趋势。开垦50a和20a土壤的无机碳在剖面呈现低—高—低—高的变化规律(图7-2b和图7-2d),说明这两个时期开垦土壤出现了二次钙积现象;而开垦30a土壤的无机碳在剖面中呈现低—高—低的变化规律(图7-2c),说明这一时期开垦的土壤尚未出现钙的二次沉积。

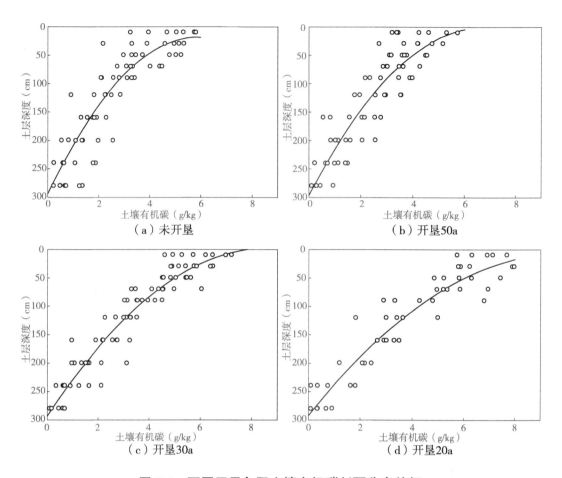

图 7-1　不同开垦年限土壤有机碳剖面分布特征

开垦 50a、30a 和 20a 土壤中钙积现象分别出现在 80~100cm、100~120cm 和 140~160cm，可以看出，随着开垦年限的增加，钙积层有上移的趋势。钙积层以下，土壤无机碳含量呈降低趋势，开垦 50a 和 20a 土壤的底层（260~300cm）有增加趋势。

7.1.2　土壤碳密度

土壤有机碳和无机碳密度见表 7-1。从表 7-1 中可以看出，不同开垦期土壤有机碳密度随土层深度呈降低趋势，对应层位的有机碳密度分布规律为：20a>30a>50a>未开垦土壤。不同开垦年限土壤无机碳密度随土层深度呈不断增加趋势，对应层位的无机碳密度分布规律为：20a>未开垦土壤>30a>50a。由此可见，开垦时间较短的干旱区绿洲土壤碳密度相对较高，随着开垦时间的增加，土壤碳密度有减少趋势。

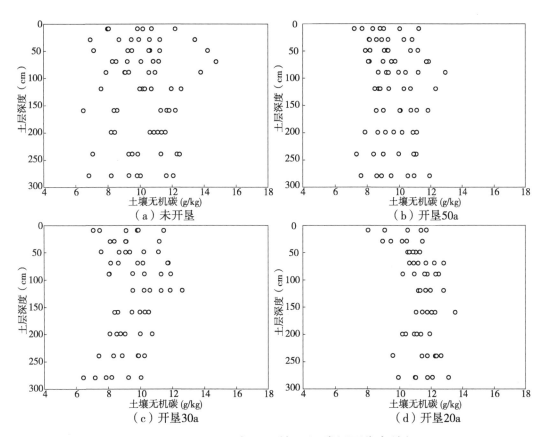

图 7-2　不同开垦年限土壤无机碳剖面分布特征

表 7-1　不同开垦年限土壤有机碳和无机碳密度

土层深度	土壤有机碳密度（g/cm²)				土壤有机碳密度（g/cm²)			
（cm）	a	b	c	d	a	b	c	d
0~20	1.33	1.24	1.69	1.94	2.83	2.61	2.86	3.04
20~40	1.19	1.18	1.60	1.90	2.97	2.69	2.86	2.95
40~60	1.15	1.11	1.48	1.69	3.00	2.77	2.86	3.09
60~80	1.05	0.99	1.29	1.62	3.02	2.85	2.90	3.12
80~100	0.83	0.95	1.09	1.29	2.98	3.01	2.75	3.16
100~140	1.27	1.64	1.78	2.05	6.26	5.91	5.84	6.59
140~180	0.99	1.08	1.40	1.83	6.10	6.27	5.94	6.77
180~220	0.78	0.94	1.02	1.25	6.30	5.96	6.01	6.39
220~260	0.57	0.60	0.64	0.57	6.31	6.07	6.02	6.89
260~300	0.45	0.25	0.23	0.30	6.05	6.24	5.74	7.12

注：a. 未开垦；b. 开垦 50 年；c. 开垦 30a；d. 开垦 20a。

干旱区绿洲土壤碳库主要形式是无机碳，其次是有机碳，用土壤碳密度的频数分布(图 7-3)可以清楚解释这一现象，有机碳密度主要集中在 0~2g/cm²，占总数的 80% 以上；而无机碳分布范围为 2~8g/cm²，占总数的 90% 以上。相比开垦 50a 和 30a，开垦 20a 土壤的有机碳密度在 2~4g/cm² 的范围所占的比例明显较高；开垦 30a 和 20a 土壤的无机碳密度在 8~10g/cm² 的范围内所占的比例有所增加。反映出新开垦土壤的有机碳密度和无机碳密度均较高，开垦时间较长的土壤碳密度与未开垦土壤碳密度在频数分布范围大致相似。

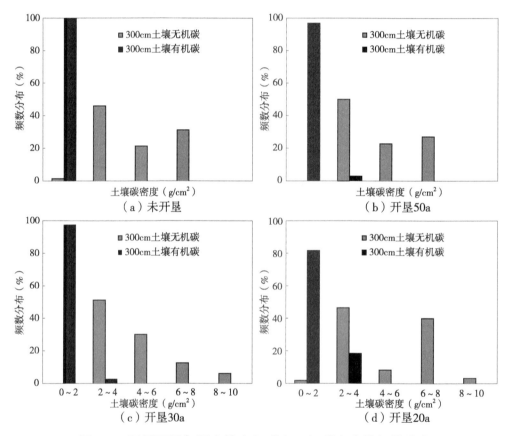

图 7-3 不同开垦年限土壤有机碳和无机碳密度的频数分布

本研究针对新疆典型干旱区绿洲区——玛纳斯河流域进行实地采样分析，对比分析未开垦土壤及不同种植年限土壤有机碳和无机碳的剖面分布特征，初步揭示了土壤有机碳和无机碳随土壤剖面深度变化的分布规律。探明了干旱区绿洲土壤有机碳和无机碳的密度变化特征。

已有研究表明，开垦将导致土壤有机碳不同程度降低(Li et al.，2009；吴乐知等，2007)。本研究结果表明，干旱区绿洲土壤开垦后土壤有机碳呈现增加趋势, 这与 Li et al.(2006)的研究结果相似。主要原因为: 干旱区绿洲土壤在未开垦情况下手水资源等条件限制, 生物积累少, 有机质初始值低; 开垦后土壤水分等条件得到改善, 加之化肥、有机肥及农作物秸秆的投入, 改变土壤理化性质, 土壤有机碳含量明显增加。本研究结果还表明, 随着开垦年限的延长土壤有机碳含量增加的趋势减缓, 甚至接近未开垦土壤, 这与唐光木等人的研究结论相似, 其原因与有机碳中的活性组分砂粒有机碳垦殖 10a 开始下降有关。

土壤无机碳含量的多少与母质的岩性有关, 由石灰岩、玄武岩和黄土母质发育的土壤碳酸盐的含量较高, 砂岩、页岩和花岗岩母质发育的土壤则相反。本研究结果表明, 未开垦与已开垦土壤的无机碳含量范围大致相同, 这与采样区土壤类型一致有关, 研究区大部分土壤类型为灰漠土。从图 7-3 中可以看出, 与未开垦土壤相比, 已开垦土壤中无机碳含量在剖面中分布趋势更加明显, 呈低—高—低—高的变化规律, 属于土壤碳酸盐含量的基本形式。其原因与长期统一的农业管理措施有关, 受机械化灌溉、施肥等耕作措施影响, 土壤中碳酸盐受到不同程度的淋溶, 累积的层次也不同。一般情况下, 近表层土壤具有相对脱钙现象, 在 40~80cm 处达最大值, 随后, 无机碳含量减小(唐光木等, 2010)。在本研究中, 未开垦土壤无机碳累积层与上述论断相似, 出现在 60~80cm 层次; 随着开垦年限的延长, 无机碳积累的层次有上移趋势, 可能与土壤中质地变化有关, 有待深入分析。

7.1.3　小结

干旱区绿洲已开垦土壤的有机碳含量高于未开垦土壤, 随着开垦时间的延长, 土壤有机碳增加趋势减缓。已开垦土壤的无机碳随剖面深度增加呈先增加后减少的趋势。开垦期为 50a 土壤和开垦 20a 土壤的无机碳在剖面呈现"低—高—低—高"的变化规律, 而开垦 30a 土壤的无机碳在剖面中呈现"低—高—低"的变化规律。不同开垦年限土壤有机碳密度随土层深度不断减少, 对应层位的有机碳密度分布规律为: 开垦 20a 土壤>开垦 30a 土壤>开垦 50a 土壤>未开垦土壤; 不同开垦期土壤无机碳密度随土层深度呈不断增加趋势, 无机碳密度分布规律为: 开垦 20a 土壤>未开垦土壤>开垦 30a 土壤>开垦 50a 土壤。干旱区绿洲土壤碳库主要形式是无机碳, 其次是有机碳, 新开垦土壤的有机碳密度和无机碳密度均较高。

7.2　新疆绿洲农田土壤无机碳组分剖面分布特征

7.2.1　土壤无机碳组分剖面分布特征

通过对研究区土壤剖面（0~300cm）无机碳组分的研究，发现土壤可溶性无机碳和难溶性无机碳在剖面中存在明显的含量差异（图7-4），但不同层次之间含量差异并不显著（$P<0.05$）。在0~300cm土体内，可溶性无机碳含量为0.04~0.575g/kg，平均含量为0.053g/kg；难溶性无机碳含量为11.30~14.80g/kg，平均含量为12.87g/kg，土壤难溶性无机碳占土壤总无机碳含量的99%以上。在0~60cm土体内，土壤可溶性无机碳和难溶性无机碳的含量都呈增加趋势，说明人类耕作活动活跃的该土层内土壤无机碳含量随剖面深度增加而增加。而在60~220cm的土体内，土壤无机碳组分的含量呈减少趋势，尤其是难溶性无机碳含量降到了最少，不足12g/kg。

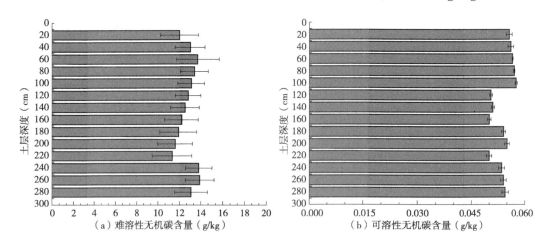

图7-4　土壤可溶性无机碳和难溶性无机碳的垂直分布特征

7.2.2　可溶性无机碳组分剖面分布特征

土壤可溶型无机碳组分的剖面分布特征如图7-5所示，其中碳酸氢根（HCO_3^-）的平均含量明显高于碳酸根（CO_3^{2-}），在相同土层中约为碳酸根（CO_3^{2-}）平均含量的5倍，说明可溶型无机碳组分中碳酸氢根（HCO_3^-）含量占最大比例。随着土壤深度的增加，碳酸根（CO_3^{2-}）含量在0~100cm土体内呈"波浪形"分布特征，而在120~140cm层次以下的土体内呈逐渐增加趋势，增幅较小；碳酸氢根（HCO_3^-）含量在 0~100cm 土体内呈增加趋势，最大值为 0.69g/kg，而在 100~120cm 层次以下急剧减少，在 220~240cm 层次达最低值。总体而言，在 120~140cm 层次以下的土体内碳酸根（CO_3^{2-}）含量递增，碳酸氢根（HCO_3^-）含量递减。

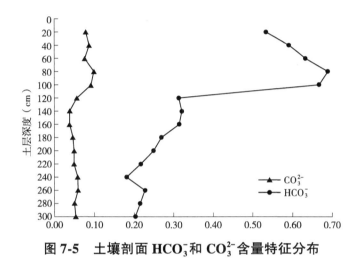

图 7-5　土壤剖面 HCO_3^- 和 CO_3^{2-} 含量特征分布

7.2.3　土壤无机碳密度的剖面分布特征

表 7-2 所示土壤无机碳密度的剖面分布，可以看出，土壤无机碳中难溶性无机碳密度显著高于可溶性无机碳密度，说明难溶性无机碳是干旱区土壤无机碳库的主要存在形式。在 0~200cm 土体内，土壤可溶性无机碳和难溶性无机碳的密度均较低，分别为 0.047kg/cm^2 和 8.78kg/cm^2；而在 0~300cm 土体内，土壤可溶性无机碳和难溶性无机碳的密度显著高于 0~200cm 土体内的无机碳组分，说明在深层土壤（200~300cm）可溶性无机碳和难溶性无机碳密度均较高。

表 7-2　干旱区绿洲农田土壤可溶性和难溶性无机碳密度

土层深度 （cm）	可溶性无机碳密度 （kg/m^2）	难溶性无机碳密度 （kg/m^2）	可溶性无机碳密度占 难溶性无机碳密度的比例(%)
0~50	0.002	0.37	0.50
0~100	0.008	1.56	0.50
0~200	0.047	8.78	0.50
0~300	0.228	40.77	0.60

土壤可溶性无机碳含量在垂直方向上的分布会受到降水、蒸散、地形、土地利用等因素的影响(张瑞,2012)。研究表明,沙地中可溶性无机碳含量整体较高,而林地、草地和盐碱地中的可溶性无机碳含量则较低(刘丽娟等,2013)。无机碳的富集以淋溶为主,大量的降水会使土壤无机碳在淋溶作用下向下迁移,本研究区虽然年均降水量仅为 $100\sim200$ mm,但由于试验地用作耕地,灌溉较多,因而导致无机碳易于淋溶,从而造成可溶性无机碳含量和难溶性无机碳含量在 $0\sim60$ cm 剖面内不断增加的趋势。

在中国西北地区,对于土壤碳剖面分布特征还缺乏清楚的了解,多数研究是基于 20 世纪 80 年代第二次全国土壤普查资料,土壤深度多为 100cm,由于资料来源和计算方法的不同其结果差异很大,在一定程度上低估了 100cm 以下土壤无机碳的含量,但是 Wang(2013)和 Li(2007)的研究结果表明,100cm 以下含有大量的无机碳存储。本研究结果显示,在深层土壤中不论是土壤可溶性无机碳还是难溶性无机碳的储量都高于 $0\sim100$ cm 土层的储量,与 Wang(2013)和 Li(2007)的研究结果一致。

在盐碱土中,当 pH>8.5 时,土壤溶液中的碳酸根(CO_3^{2-})才会开始增加,本研究中所测的碳酸根(CO_3^{2-})含量较低,因此,土壤中可溶性无机碳含量主要是来自碳酸氢根(HCO_3^-)转化,土壤可溶性无机碳含量主要受到碳酸氢根(HCO_3^-)含量的影响,这与刘丽娟等(2013)的研究结果一致。随着土层深度的增加,淋溶作用开始减弱,这可能是导致 140cm 层次以下的土体内碳酸根(CO_3^{2-})含量递增,碳酸氢根(HCO_3^-)含量递减的原因。

7.2.4 小结

在典型干旱区绿洲农田中,土壤无机碳的含量及密度都以难溶性无机碳为主,主要分布在 200cm 深度以下。不同剖面层次的土壤可溶性无机碳和难溶性无机碳之间的含量差异不显著,说明剖面分布相对均匀。土壤可溶型无机碳中,以碳酸氢根(HCO_3^-)为主,其平均含量约为碳酸根(CO_3^{2-})的 5 倍,受田间耕作的影响,可溶性无机碳在 $0\sim100$ cm 土体内变化幅度较大。因此,受人为耕作活动影响的干旱区绿洲土壤,其无机碳存在明显的动态变化,这种变化主要体现在无机碳的组分结构中。

7.3　土壤质地对新疆绿洲农田土壤有机碳剖面分布的影响

7.3.1　不同开垦年限土壤粒径垂直变化特征

研究区域土壤颗粒组成主要以粉粒（约占 21%~35.4%）和砂粒（约占 46%~50%）为主（图 7-6），砂粒含量下部明显高于上部，而粉粒含量中部明显高于上部和下部；随着开垦年限的增加，土壤颗粒组成明显发生变化，具体表现为随着开垦年限增加，上部耕层（0~60cm）土壤质地由粉砂质粘壤土转变为壤土，土壤颗粒组成变化：砂粒（2.0~0.05mm）含量逐渐增加，从 1.42~3.32mm 增加到 25.14~34.68mm，黏粒（<0.002mm）随着开垦年限的增加呈现先增加后降低的趋势，而粉粒（0.05~0.002mm）含量呈现先降后升的趋势。土层（60~100cm）土壤质地由粉砂壤土转化为壤土，可能是因为受到灌溉水下渗和农作物根系的影响，造成土壤质地也发生变化。土壤颗粒组成变化：砂粒含量、随着开垦年限增加呈现先增加后降低的趋势，而黏粒变化呈现出相反的趋势，粉粒含量无显著变化；土层中部和下部（100~300cm）的土壤质地主要以壤土和粉砂壤土为主，其中土壤颗粒主要以粉粒和砂粒为主，分别占 46.50% 和 32.90%，可能是因为该土层很少受到人为因素的影响，仅仅受到地下微生物以及水分下渗的影响，使得土壤粒径组成以及土壤质地变化较小。

7.3.2　不同开垦年限土壤质地有机碳含量差异性分析

研究区域整个土层（0~300cm）土壤质地主要以壤土和黏土为主（图 7-7）。Y0 土壤表层（0~60cm）主要以粉砂质粘壤土为主，土层中下部主要以粉砂质壤土为主；Y20、Y30 和 Y50 的土壤无明显变化规律，主要以壤土和粉砂质壤土为主。土壤有机碳含量垂直变化特征：有机碳含量随着土层深度的增加而降低；土壤有机碳含量随着开垦年限呈现先增加后降低的趋势，未开垦时有机碳含量平均值为（Y0）1.49g/kg，随着开垦年限的增加有机碳含量增加（Y30）为 2.78g/kg，随之下降为（Y50）2.56g/kg，增幅达 71.8%，开垦年限越长有机碳增加值趋于平缓。表层 0~20cm 有机碳含量变化最大，

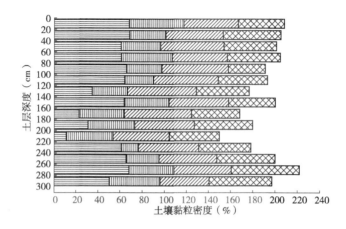

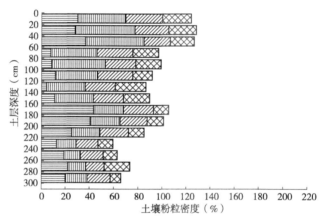

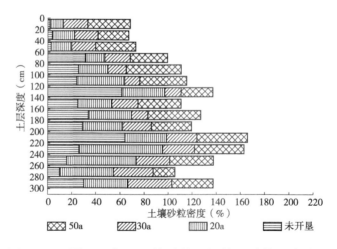

图 7-6　不同开垦年限土壤黏粒、粉粒、砂粒垂直变化

Y20、Y30 和 Y50 的土壤有机碳含量分别是 Y0 有机碳含量的 1.37 倍、1.81 倍和 2.09 倍。土层 0~160cm 的 Y0 和 Y50 的有机碳含量均达显著性差异(P <0.05)，中下部 160~300cm 土层有机碳含量差异不显著(P<0.05)。

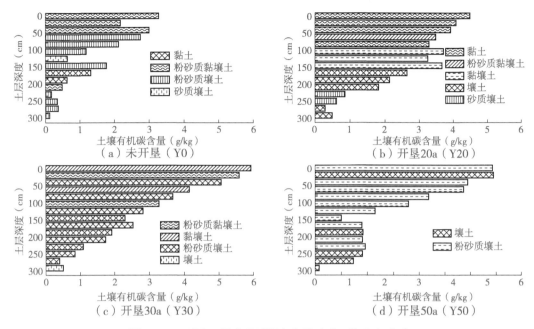

图 7-7　不同开垦年限耕地土壤有机碳垂直分布

7.3.3　不同开垦年限土壤颗粒与有机碳相关性分析

不同开垦年限的土壤颗粒与有机碳相关性指标如图 7-8 所示，土壤颗粒组成与有机碳含量具有一定的相关关系，其中黏粒与有机碳含量之间呈现显著正相关关系，Y0、Y20、Y30 和 Y50 的土壤黏粒分别与有机碳含量的相关系数(R)为 0.67*、0.72*、0.75* 和 0.69**，其中耕地为 Y30 的相关性最高。土壤粉粒、砂粒与有机碳含量相关性不高，其中不同开垦年限粉粒与有机碳含量相关性(R)范围在 -0.29~0.04，不同开垦年限砂粒与有机碳含量相关性呈现负相关关系，相关系数(R)范围在 -0.49~0.10。

随着开垦年限的增加土壤颗粒组成发生变化，上部耕层(0~60cm)砂粒含量逐渐增加，黏粒随着开垦年限的增加呈现先增加后降低的趋势，而粉粒含量呈现先降后升的趋势。土层(60~100cm)土壤颗粒组成变化：砂粒含量、随着开垦年限增加呈现先增加后降低的趋势，而黏粒变化呈现出相反的趋势，粉粒含量无显著变化；土层(100~300cm)土壤颗粒主要以粉粒和砂粒为主，分别占 46.50% 和 32.90%。有机碳含量随着开垦年限的先增加后降低，后期趋于平缓。同时土壤颗粒与有机碳含量呈现一定的相关关系，其中黏粒与有机碳含量之间呈现显著正相关关系。总之，在合理保护使用土地的前提下，随着开垦年限的增加，会改善土壤颗粒组成和土壤的养分状况。

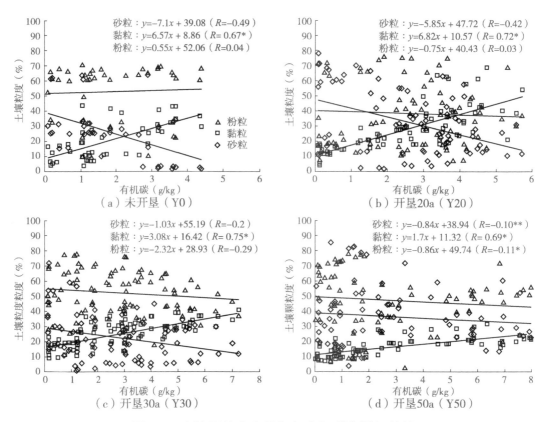

图 7-8 土壤颗粒分布特征与有机碳含量相关性

7.3.4 不同开垦年限土壤颗粒对有机碳含量的影响

土壤质地作为土壤碳循环的重要因素，尤其是黏粒具有很强的固碳能力，因此土壤黏粒对土壤有机碳循环中具有很重要的作用（Christensen，1987）。本研究发现，随着开垦年限增加，农作物秸秆和根系的大量积累，使得土壤中根系快速分解转化，改善了土壤理化性质增加土壤有机质含量，同时提高土壤肥力，有机碳含量随着开垦年限的变化具体表现为：Y50>Y30>Y20>Y0。这与李易麟等（2008）、唐光木等（2013）研究结果一致。但是这与其他土地利用方式的有机碳含量变化有所差异，例如，干旱区林地、草地（Li et al.，2007）开垦后农田土壤有机碳含量呈下降趋势，其可能是因为草地转化为农田，随着开垦年限延长，土壤物理性状发生变化，黏粒含量减少，砂粒含量增加，土壤养分降低，固碳作用下降（焦红等，2009）。而荒地开垦为耕地后，荒地土壤有机碳含量在开垦前含量较少，开垦后耕地生产力提高，改善了土壤的水分和养分状况，随着开垦年限的增加，地表生物量富集，改善了土壤理化状况，从而提高了土壤碳库的补偿作用，使有机碳含量增加(荣井荣等，2012)。

7.3.5　不同开垦年限土壤颗粒组成及与有机碳含量的关系

研究发现，开垦年限的增加会对土壤颗粒组成产生一定的影响，尤其是表层耕作土壤(0~60cm)，未耕作土壤表层主要以黏土和粉粒为主，开垦年限的增加使土壤受到人为耕作影响，造成土壤颗粒机械损伤以及在水的重力影响下沿着土壤孔隙向下移动，砂粒含量明显增加，而黏粒先增加后降低趋势，这与张金波等(张金波等，2005)的研究结果有些偏差，可能是因为开垦时人为机械破坏大颗粒团聚体转化为小颗粒团聚体，黏粒含量增加，但长期不合理耕作造成土壤质量下降，使土壤颗粒组成发生变化。另外，土壤颗粒组成在一定程度上影响土壤有机碳含量，本研究发现黏粒与有机碳含量之间呈现显著正相关关系，Y0、Y20、Y30 和 Y50 的土壤黏粒与有机碳含量的相关系数(R)范围在 0.67*~0.75*，均达显著性差异，说明土壤有机碳随着土壤黏粒含量的增加而增加，这与彭佩钦等(2005)、Tiessen et al. (1983)研究结果一致。新疆作为我国粮食主要生产基地，随着大面积的荒地以及荒漠被开垦为耕地，通过本研究可知，科学合理的耕作能够改善土壤的颗粒组成，增加土壤有机碳含量，但是随着耕作年限的增加，土壤质量有下降趋势，建议制定科学合理的耕作制度保护耕地质量。由于本次研究依据两次土壤普查结果及实地调研获取了比较有代表性的土壤数据结果，研究结论可能与其他干旱区结论有偏差。因此，今后有待开展长期定位试验和进行不同干旱区验证做进一步的分析。

7.3.6　小结

随着开垦年限的增加土壤颗粒组成发生变化，剖面上部(0~60cm)砂粒含量逐渐增加，黏粒随着开垦年限的增加呈现先增加后降低的趋势，而粉粒含量呈现先降后升的趋势。60~100cm 土层土壤颗粒组成变化：砂粒含量随着开垦年限增加呈现先增加后降低的趋势，而黏粒变化呈现出相反的趋势，粉粒含量无显著变化；中下部土层(100~300cm)土壤颗粒主要以粉粒和砂粒为主，分别占 46.5%和 32.9%。

有机碳含量随着开垦年限呈现先增加后降低，后期趋于平缓的趋势。

同时土壤颗粒与有机碳含量呈现一定的相关关系，其中黏粒与有机碳含量之间呈现显著正相关关系。总之，在合理保护使用土地的前提下，随着开垦年限的增加，能够改善土壤颗粒组成和土壤的养分状况。因此科学有效的管理措施和使用耕地能够很好地保护土壤碳素循环系统。

7.4 土壤盐分对新疆绿洲农田土壤碳垂直分布的影响

7.4.1 土壤盐分垂直分布特征

土壤盐分含量随着土层深度呈先增加后降低趋势(图 7-9)。土壤盐分在土层 0~60cm 土体内盐分随深度不断增加，盐分含量范围为 6.70~12.10g/kg；在 80~100cm 层次，盐分含量最高，最高值达 12.00g/kg，深度 100cm 以下，土壤盐分含量逐渐降低，直至 300cm 深度达最低值。

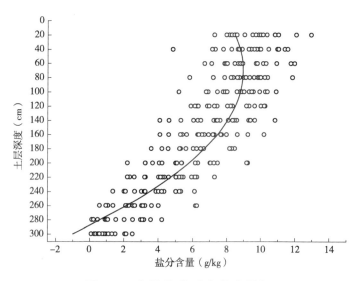

图 7-9 土壤盐分垂直分布特征

7.4.2 土壤碳垂直分布特征

从土壤碳剖面垂直分布上看，有机碳含量随着土层深度增加呈直线下降趋势。有机碳含量(SOC)主要分布在土壤表层，在 0~40cm 层次，有机碳含量达最高，有机碳含量范围为 2.20~7.94g/kg，高于其他土层；深度 100cm 以下有机碳含量逐渐降低，直至 300cm 土层深度达最低值(图 7-

10a)。无机碳含量(*SIC*)土层剖面垂直规律并没有显著变化,其总体趋势表现为:无机碳含量在近表层 0~20cm 较低,无机碳含量范围为 7.20~11.70g/kg,近表层 0~20cm 无机碳含量低于土层 40~60cm;60~80cm 无机碳含量达最高值,在 0~100cm 层次的无机碳含量明显高于深层无机碳含量,深度 100cm 以下,仍有存储量丰富的无机碳含量(图 7-10b)。

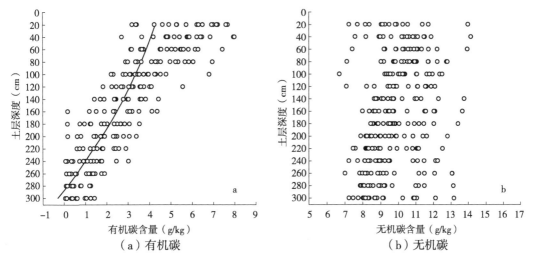

图 7-10　土壤碳含量及垂直分布特征

7.4.3　盐分对土壤碳含量的影响

土壤盐分含量与有机碳含量呈正相关(表 7-3),不同土层深度的盐分与有机碳含量相关系数分别为 0.531、0.392、0.277,其中土层深度 0~100cm 和 100~200cm 盐分与有机碳含量达显著正相关关系(*P*<0.05);土壤有机碳含量随着盐分含量升高而升高。土壤盐分含量与无机碳含量呈负相关,其中土层 0~100cm 盐分与有机碳含量相关性最大,相关系数为-0.439,盐分对无机碳影响较小。

表 7-3　土壤盐分含量与有机碳和无机碳的关系

土层深度(cm)	样本数	相关系数(R^2)	
		有机碳	无机碳
0~100	105	0.531[*]	-0.239
100~200	105	0.393[*]	-0.253
200~300	105	0.277	0.014

7.4.4 土壤盐分对土壤碳密度的影响

通过对土壤盐分与土壤碳密度进行相关性分析，由表7-4可以看出，盐分与有机碳密度具有很好的相关性，土壤盐分与土壤有机碳密度达显著正相关($P < 0.05$)，其中土层 0～100cm 和 100～200cm 的相关系数分别为 0.481、0.386。无机碳在 0～300cm 土层间分布比较分散，土壤盐分与土壤无碳密度相关性不显著，总体上土壤盐分与土壤无碳密度呈现出负相关关系。

表7-4　土壤盐分含量与有机碳密度和无机碳密度的关系

土层深度(cm)	样本数	相关系数(R^2)	
		有机碳密度	无机碳密度
0～100	105	0.481[*]	−0.239
100～200	105	0.386[*]	−0.323
200～300	105	0.276	0.0526

该采样点种植作物均为棉花，人为对表层耕作土的影响以及灌溉水受到淋洗导致盐分垂直下渗，还受到气候、植被覆盖、土壤条件等因素影响，总体看，采样点在土层 40～60、60～80cm 盐分聚集。盐分的垂直变化规律随着深度增加先增加后降低趋势，土层深度 100cm 以下，土壤盐分含量逐渐降低，直至 300cm 深度达最低值。这与陈秀龙(2010)、王海江(2010)、谷新保等(2009)研究结果一致。其研究结论是否跟地下水位、降水量、灌水量等条件有关系还需进一步同过田间试验进一步验证。

汤洁(2011)等研究发现土壤碳垂直变化规律受到成土过程、植被生物量、分解速率等因素影响。同时表层生物量大量积累，植株根系生长密集，有机物降解速率快，导致有机碳逐渐积累，有机碳含量影响主要在 0～40cm 耕层，随着深度加深降低。本研究对有机碳垂直变化的研究表明：有机碳含量随着土层深度增加呈直线下降趋势。有机碳含量主要分布在土壤表层，在 0～40cm 层次，有机碳含量含量达最高，深度 100cm 以下有机碳含量逐渐降低，直至 300cm 土层深度达最低值，这与汤洁等研究结果一致。无机碳含量土层剖面垂直规律并没有显著变化，无机碳含量在近表层 0～20cm 较低，土层 60～80cm 无机碳含量明显增加的态势，在 0～100cm 层次的无机碳含量明显高于深层无机碳含量，深度 100cm 以下，仍有存储量丰富的无机碳含量，这可能是因为干旱区的无机碳长期处于干旱或半干旱状态，转化速率相对较慢，因此盐分对无机碳积累影响不明显。耕层由于受到人为耕作的影响使得表层无机碳含量相对较低，灌溉水有一定的淋溶效应，使得碳酸盐在土层下部聚积，本研究结果与杨黎芳(2007)、潘根兴(1999)、赵成义等(2007)研究结果一致。

盐分与有机碳和有机碳密度呈显著正相关，其中 0~100cm 相关性最高($R=0.48$，$P<0.05$)，这表明，土壤盐分含量过高，会抑制土壤有机碳的降解速率，因此增加土壤有机碳的累积(吉力力·阿不都外力等，2007)。盐分与无机碳和无机碳密度呈负相关关系，但盐分对无机碳及无机碳密度响应机理相关性不显著。可以推测，假如土壤在盐渍化过程中伴随着无机碳积累成立，则说明干旱区–半干旱区巨大的碳存储能力，这可能是今后研究的重点。然而盐分对无机碳及无机碳密度响应机理并没有产生影响，可能是因为无机碳受到土壤母质类型、干旱气候、地表植被等各种因素的制约(杨黎芳，2007)，无机碳的形成转化十分复杂，具体原因有待进一步探讨。

7.4.5　小结

本研究根据典型干旱区——玛纳斯县盐渍土壤调查剖面，对 0~300cm 深度土壤盐分、有机碳、无机碳进行测试分析。研究表明，土壤盐分含量随剖面深度增加呈"先增后降"的趋势，土壤盐分在 80~100cm 层次盐分含量最高，土层 100cm 以下，土壤盐分含量逐渐降低。土壤有机碳含量随剖面深度增加呈下降趋势，与前人研究结果相同。土壤无机碳含量随剖面深度增加无明显变化规律，在 0~100cm 层次的无机碳含量明显高于 100cm 以下土体中无机碳的含量，说明人为活动对 100cm 层次一下无机碳库的影响相对较小。土壤剖面中，盐分与有机碳含量及密度呈显著正相关($P<0.05$)，在 0~100cm 土体中相关性最高($R=0.53$)；盐分与无机碳含量及密度在整个土体中呈负相关关系，相关性不显著。因此，在研究干旱、半干旱区土壤碳平衡过程中，应该充分考虑土体中盐分迁移的过程是否影响土壤碳库的动态变化。

第8章

结 束 语

8.1 主要结论

本研究基于翔实的数据资料，分析探讨了新疆五大生态类型区土壤有机碳和无机碳的垂直分布特征，认识并揭示不同土壤层次有机碳和无机碳的空间变异规律，并结合新疆地形地貌特征、气候特征、植被覆盖及土地利用状况等因素，运用空间分析模型定量预测土壤有机碳和无机碳的空间分布特征，探寻影响土壤有机碳和无机碳含量及分布的主要控制因素，在此基础上基于定性和定量两种数据估算新疆地区土壤碳库储量。本研究丰富和完善了前人关于新疆土壤有机碳与无机碳储量的研究，为中国西北干旱区乃至中亚地区的土壤碳库研究提供了数据支撑和科学依据。本研究还以天山北麓玛纳斯县绿洲土壤碳为研究对象，选取不同开垦年限绿洲农田进行对比分析，揭示不同开垦年限土壤有机碳和无机碳剖面分布规律，揭示土壤0~300cm深度无机碳组分的含量及密度分布特征，分析不同开垦年限土壤颗粒组成、不同土壤颗粒有机碳含量变化特征，分析土壤盐分含量及分布对土壤碳分布的影响。本研究得到以下主要结论：

（1）新疆土壤有机碳含量随深度增加呈不断减少的趋势，而无机碳则呈不断增加的趋势。不同生态类型区土壤有机碳密度在10~20cm土层低于相邻土层，在20~40cm层次含量最高，在40cm以下随深度增加呈逐渐递减趋势。五大生态区中，阿尔泰、准噶尔西部山地半干旱草原针叶林生态区（Ⅰ）和天山山地干旱草原—针叶林生态区（Ⅲ）的有机碳密度高于其他生态类型区，在表层土壤(0~10cm)的差异性达显著水平，在20~100cm深度内天山山地干旱草原—针叶林生态区（Ⅲ）的有机碳密度显著高于其他生态类型区，

对新疆土壤有机碳库的贡献最大。除天山山地干旱草原—针叶林生态区
（Ⅲ）之外，其余生态类型区的无机碳密度在 0~40cm 深度内递增，在 40~
100cm 深度内递减。塔里木盆地暖温带极干旱沙漠、戈壁及绿洲生态区
（Ⅳ）的无机碳密度高于其他生态类型区，并且在 60cm 以下深度内的差异性
达显著水平，该区土壤特别是 60cm 以下的土壤对新疆土壤无机碳库的贡献
最大。

（2）新疆土壤各层次（0~100cm）有机碳和无机碳含量均呈非正态分布
（$P<0.05$）。不同土层有机碳含量属于强变异性，随深度的增加呈先减少后
增加的特点；不同土层无机碳含量属于中等变异强度，随深度的增加变化
幅度较小。指数模型可以较好的模拟不同层次土壤有机碳和无机碳含量的
空间分布特征，各层次的决定系数达了显著水平。随着深度的增加，新疆
土壤有机碳小于 5g/kg 的分布面积逐渐增大，10~20g/kg 含量的面积逐渐减
少，说明土壤有机碳的含量逐渐降低，趋势明显。土壤无机碳含量随深度
变化特征在南北疆表现不同，北疆地区，土壤无机碳含量随深度增加有不
断增加趋势，小于 10g/kg 的分布面积逐渐减少；而在南疆地区，土壤无机
碳含量在 0~40cm 深度内不断减少，15~25g/kg 含量分布面积逐渐减少，在
40~100cm 深度内无机碳含量逐渐增加，大于 20g/kg 的分布区域明显增大。

（3）普通克里格（OK）、多元线性回归（MLR）、回归克里格（RK）、地理
加权回归（GWR）、地理加权回归克里格（GWRK）5 个模型的预测结果显示：
新疆天山山脉中段至西段的土壤有机碳密度大于 21kg/m，高于新疆其他区
域，新疆东部及中部塔里木盆地区域内土壤有机碳密度小于 6kg/m，其中大
部分区域甚至小于 3kg/m，是新疆土壤有机碳密度最低的区域。南疆的塔里
木盆地东部和西部无机碳密度大于 24kg/m，高于新疆其他区域，新疆北部
无机碳密度小于 5kg/m，是无机碳密度最低值分布区。5 个模型中，地理加
权回归模型（GWR）较多元线性回归模型（MLR）能够较好的拟合新疆土壤有
机碳和无机碳及其解释变量之间的关系，相关系数 R^2 均达 0.38。新疆土壤
有机碳和无机碳密度预测的最佳模型分别是地理加权回归（GWR）模型和地
理加权回归克里格（GWRK）模型。

（4）新疆土壤有机碳和无机碳空间分布的影响因素分析结果显示，土壤
有机碳空间分布主要受到 1 个关键因素的影响，即归一化植被指数（$NDVI$），
控制着整个新疆的土壤有机碳空间分布。影响新疆土壤无机碳密度空间分

布的关键因素及控制面积所占的百分比从高到低依次为：多年平均降水(P)(47.76%)，地表蒸散量(ET)(21.38%)，多年平均气温(T)(17.36%)，坡度(S)(9.44%)，土地利用综合指数(L_a)(4.05%)。

(5) 基于定性数据和定量数据估算的新疆碳储量差异明显，分别为38.45和46.60Pg。定量数据估算结果显示，有机碳储量为19.56Pg，土壤无机碳储量为27.04Pg，分别占新疆土壤碳库储量的41.97%和58.03%。基于新疆五大生态区、不同土壤类型和不同土地利用类型对新疆碳储量进行了分析，结果显示：新疆五大生态区土壤有机碳储量由大到小的顺序为：Ⅲ>Ⅴ>Ⅳ>Ⅰ>Ⅱ；土壤无机碳储量由大到小的顺序为：Ⅳ>Ⅲ>Ⅴ>Ⅱ>Ⅰ。新疆不同土壤类型中土壤有机碳储量较高的是棕钙土和棕漠土，约占土壤总有机碳储量的10.257%和10.053%；土壤无机碳储量较高的为风沙土和棕漠土，约占土壤总无机碳储量的29.071%和14.829%。土壤有机碳密度最高的是灰褐土和黑毡土，密度最低的是风沙土和粗骨土；土壤无机碳密度最高的是林灌草甸土和漠境盐土，密度最低的是灰色森林土和棕色针叶林土。新疆不同土地利用类型的土壤碳储量由高到低的顺序为：未利用土地、草地、耕地、林地及城镇居民用地，与各类型的土地面积成正比。

(6) 干旱区绿洲已开垦土壤的有机碳含量高于未开垦土壤，随着开垦时间的延长，土壤有机碳增加趋势减缓。已开垦土壤的无机碳随剖面深度增加呈先增加后减少的趋势。开垦期为50a土壤和开垦20a土壤的无机碳在剖面呈现"低-高-低-高"的变化规律，而开垦30a土壤的无机碳在剖面中呈现"低-高-低"的变化规律。不同开垦年限土壤有机碳密度随土层深度不断减少，对应层位的有机碳密度分布规律为：开垦20a土壤>开垦30a土壤>开垦50a土壤>未开垦土壤；不同开垦期土壤无机碳密度随土层深度呈不断增加趋势，无机碳密度分布规律为：开垦20a土壤>未开垦土壤>开垦30a土壤>开垦50a土壤。干旱区绿洲土壤碳库主要形式是无机碳，其次是有机碳，新开垦土壤的有机碳密度和无机碳密度均较高。

(7) 随着开垦年限的增加土壤颗粒组成发生变化，剖面上部(0~60cm)砂粒含量逐渐增加，黏粒随着开垦年限的增加呈现先增加后降低的趋势，而粉粒含量呈现先降后升的趋势。60~100cm土层土壤颗粒组成变化：砂粒含量随着开垦年限增加呈现先增加后降低的趋势，而黏粒变化呈现出相反的趋势，粉粒含量无显著变化；中下部土层(100~300cm)土壤颗粒主要以粉粒和砂粒为主，分别占 46.5% 和 32.9%。

（8）有机碳含量随着开垦年限呈现先增加后降低，后期趋于平缓的趋势。同时土壤颗粒与有机碳含量呈现一定的相关关系，其中黏粒与有机碳含量之间呈现显著正相关关系。总之，在合理保护使用土地的前提下，随着开垦年限的增加，能够改善土壤颗粒组成和土壤的养分状况。因此科学有效的管理措施和使用耕地能够很好地保护土壤碳素循环系统。

（9）在典型干旱区绿洲农田中，土壤无机碳的含量及密度都以难溶性无机碳为主，主要分布在 200cm 深度以下。不同剖面层次的土壤可溶性无机碳和难溶性无机碳之间的含量差异不显著，说明剖面分布相对均匀。土壤可溶型无机碳中，以碳酸氢根（HCO_3^-）为主，其平均含量约为碳酸根（CO_3^{2-}）的 5 倍，受田间耕作的影响，可溶性无机碳在 0~100cm 土体内变化幅度较大。因此，受人为耕作活动影响的干旱区绿洲土壤，其无机碳存在明显的动态变化，这种变化主要体现在无机碳的组分结构中。

（10）通过对典型干旱区玛纳斯县盐渍土壤调查剖面，对 0~300cm 深度土壤盐分、有机碳、无机碳进行测试分析。研究表明，土壤盐分含量随剖面深度增加呈"先增后降"的趋势，土壤盐分在 80~100cm 层次盐分含量最高，土层 100cm 以下，土壤盐分含量逐渐降低。土壤有机碳含量随剖面深度增加呈下降趋势，与前人研究结果相同。土壤无机碳含量随剖面深度增加无明显变化规律，在 0~100cm 层次的无机碳含量明显高于 100cm 以下土体中无机碳的含量，说明人为活动对 100cm 层次一下无机碳库的影响相对较小。土壤剖面中，盐分与有机碳含量及密度呈显著正相关（$P<0.05$），在 0~100cm 土体中相关性最高（$R=0.53$）；盐分与无机碳含量及密度在整个土体中呈负相关关系，相关性不显著。因此，在研究干旱区-半干旱区土壤碳平衡过程中，应该充分考虑土体中盐分迁移的过程是否影响土壤碳库的动态变化。

8.2 展望

本研究基于地形因子、气候因子、植被指数及土地利用综合指数等变量，建立了土壤有机碳和无机碳的预测模型，揭示了新疆土壤有机碳和无机碳的总体分布趋势，从不同开垦期、土壤质地、土壤盐分等三个方面着手，分析探讨了土壤有机碳和无机碳垂直分布的影响因素，展示了不同开垦期土壤有机碳和无机碳的垂直分布规律，与土壤质地及盐分分布的相关关系，取得了一定的研究成果和进展。然而，新疆地域辽阔，地形地貌复杂，土壤类型多样，各类环境因素具有很强的地带性分布，也存在非地带性分布的区域，影响土壤发生发育的因素也难以综合考虑，因而对土壤碳的分布及储量估算还存在诸多不确定因素，加之土壤碳库处在动态变化之中，其输入输出机制，源汇效应等都有待深入研究。今后还应从以下几个方面进行深入研究：

（1）限于基础数据资料不足，本研究未考虑新疆成土母质类型对土壤有机碳，特别是对无机碳的含量及分布的影响，无机碳的形成过程中原生碳酸盐较次生碳酸盐作用起决定性作用，因而分析研究碳酸盐母质对新疆土壤无机碳的空间分布具有重要价值，有待深入分析探讨。

（2）新疆水文条件是促进土壤发生发育的重要因素，也影响着土壤有机碳和无机碳的空间分布特征，本研究在制定研究方案时考虑将样点到河流的欧氏距离作为受地下水影响程度的评价指标，但相关性结果并不显著，既与提取河网的空间分辨率有关，也与季节性河流断流改道有关，因而未做深入分析探讨，地下水对碳库分布的影响值得在今后的工作中加以考虑。

（3）由于本研究将各类环境变量数据的空间分辨率统一为250m，未能探讨不同空间分辨率条件下，土壤有机碳和无机碳与各类环境变量之间的相关性特征，而在空间分析过程中空间分辨率对结果的影响是不可忽略的，因而在今后的空间分析及土壤特性预测过程中，需要考虑空间尺度效应及其对研究结果的影响。

（4）本研究结果显示新疆土壤无机碳储量巨大，在区域碳库平衡方面起着关键作用，但有关新疆土壤无机碳形成及转化的研究仍旧不足，虽然本研究明确了5个主要影响因素，但未能揭示影响机制，缺少时间尺度的数据，因而需要进一步明确新疆土壤无机碳库的动态变化规律及特点。

（5）前人针对绿洲农田土壤有机碳垂直分布的定量拟合做了许多研究，然而针对土壤无机碳垂直分布的数学拟合相对不足，有待在今后工作中，收集整理更多数据，通过数学模型进行拟合分析，模拟预测不同环境条件下土壤无机碳的垂直分布规律。

参 考 文 献

艾努瓦尔，李新华，高力军，等，2006. 新疆生态功能区划[J]. 乌鲁木齐：新疆科学技术出版社.

鲍士旦，2008. 土壤农化分析[M]. 北京：中国农业出版社.

曾骏，郭天文，包兴国，等，2008. 长期施肥对土壤有机碳和无机碳的影响[J]. 中国土壤与肥料(2)：11-14.

陈朝，吕昌河，范兰，等，2011. 土地利用变化对土壤有惊天的影响研究进展[J]. 生态学报，31(18)：5358-5371.

陈秀龙，胡顺军，李修仓，2010. 膜下滴灌条件下不同矿化度水对土壤水盐动态及棉花产量的影响[J]. 干旱地区农业研究，28(3)：7-12.

陈锋锐，秦奋，李熙，等，2012. 基于多元地统计的土壤有机质含量空间格局反演[J]. 农业工程学报，28(20)：188-194.

陈庆强，沈承德，易惟熙，等，1998. 土壤碳循环研究进展[J]. 地球科学进展，13(6)：555-563.

崔永琴，马剑英，刘小宁，等，2011. 人类活动对土壤有机碳库的影响研究进展[J]. 中国沙漠，31(2)：407-414.

段建南，李保国，石元春，等，1999. 干旱地区土壤碳酸钙淀积过程的模拟[J]. 土壤学报，36(3)：318-326.

邓慧平，李秀彬，2002. 地形指数的物理意义分析[J]. 地理科学进展，21(2)：103-110.

方华军，杨学明，张晓平，2003. 农田土壤有机碳动态研究进展[J]. 土壤通报，34(6)：562-568.

方精云，刘国华，高嵩龄，1996. 我国森林植被的生物量和净生产量[J]. 生态学报(5)：497-508.

樊自立，穆桂金，马英杰，等，2002. 天山北麓灌溉绿洲的形成和发展[J]. 地理科学，22(2)：184-189.

房飞，胡玉昆，公延明，等，2013. 荒漠土壤微生物碳垂直分布规律对有机碳库的表征作用[J]. 中国沙漠，33(3)：777-781.

耿元波，罗光强，袁国富，等，2008. 农垦及放牧对温带半干旱草原土壤碳素的影响[J]. 农业环境科学学报, 27(6): 2518-2523.

耿广坡, 高鹏, 吕圣桥, 等, 2011. 鲁中南山区马蹄峪小流域土壤有机质和全氮空间分布特征[J]. 中国水土保持科学, 9(6): 99-105.

顾成军, 史学正, 于东升, 等, 2013. 省域土壤有机碳空间分布的主控因子: 土壤类型与土地利用比较[J]. 土壤学报, 50(3): 425-432.

虎胆·吐马尔白, 谷新保, 曹伟, 等, 2009. 不同年限棉田膜下滴灌水盐运移规律实验研究[J]. 新疆农业大学学报, 32(2): 72-77.

黄斌, 王敬国, 金红岩, 等, 2006. 长期施肥对我国北方潮土碳储量的影响[J]. 农业环境科学学报, 25(1): 161-164.

黄昌勇, 2000. 土壤学[M]. 北京: 中国农业出版社.

黄彩变, 曾凡江, 雷加强, 等, 2011. 开垦对绿洲农田碳氮累积及其与作物产量关系的影响[J]. 31(18): 5113-5120.

解宪丽, 孙波, 周慧珍, 等, 2004. 不同植被下中国土壤有机碳的储量与影响因子[J]. 土壤学报, 41(5): 687-699.

吉力力·阿不都外力, 徐俊荣, 穆桂金, 等, 2007. 艾比湖盐尘对周边地区土壤盐分及景观变化的影响[J]. 冰川冻土, 29(6): 928-939.

纪中奎, 刘鸿雁, 2005. 玛纳斯河流域近50年植被格局变化[J]. 水土保持研究, 12(4): 132-136.

姜学兵, 侯瑞星, 李运生, 等, 2012. 免耕对华北地区潮土碳库特征的影响[J]. 水土保持学报, 26(4): 153-162.

焦燕, 赵江红, 徐柱, 2009. 农牧交错带开垦年限对土壤理化特性的影响[J]. 生态环境学报, 18(5): 1965-1970.

金峰, 杨浩, 蔡祖聪, 等, 2001. 土壤有机碳密度及储量的统计研究[J]. 土壤学报, 38(4): 522-527.

金峰, 杨浩, 赵其国, 2000. 土壤有机碳储量及影响因素研究进展[J]. 土壤, 32(1): 11-17.

雷春英, 田长彦, 2008. 干旱区荒漠新垦土地土壤有机碳含量特征[J]. 干旱区资源与环境, 22(6): 105-110.

李国英, 2008. 维持西北内陆河健康生命[M]. 郑州: 黄河水利出版社.

李克让, 王绍强, 曹明奎, 2003. 中国植被和土壤碳贮量[J]. 中国科学，33（1）：72-80.

李凌浩，1998. 土地利用变化对草原生态系统土壤碳贮量的影响[J]. 植物生态学报，22（4）：300-302.

李银科，2007. 开垦对荒漠土壤性状的影响[D]. 兰州：甘肃农业大学.

李启权，王昌全，张文江，等，2012. 丘陵区土壤有机质空间分布预测的神经网络方法[J]. 农业环境科学学报，31（12）：2451-2458.

李启权，王昌全，岳天祥，等，2014. 基于定性和定量辅助变量的土壤有机质空间分布预测——以四川三台县为例[J]. 地理科学进展，33（2）：259-269.

李志斌，2010. 基于地统计学方法和 Scorpan 模型的土壤有机质空间模拟研究——以吉林省舒兰市为例[D]. 北京：中国农业科学院.

李玉强，赵哈林，陈银萍，2005. 陆地生态系统探源于碳汇及其影响机制研究进展[J]. 生态学杂志，24（1）：37-42.

李长生，肖向明，Frolkin S，等，2003. 中国农田的温室气体排放[J]. 第四纪研究，23（5）：493-503.

李忠，孙波，林心雄，2001. 我国东部土壤有机碳的密度及转化的控制因素[J]. 地理科学，21（4）：301-307.

李易麟，南忠仁，2008. 开垦对西北干旱区荒漠土壤养分含量及主要性质的影响：以甘肃省临泽县为例[J]. 干旱区资源与环境，22（10）：147-151.

林心雄，1998. 中国土壤有机质状况及其管理[M]. 北京：中国农业出版社，111-153.

刘留辉，邢世和，高承芳，2007. 土壤有机碳储量研究方法及其影响因素[J]. 武夷科学，23（12）：219-226.

刘梦云，常庆瑞，杨香云，2010. 黄土台塬不同土地利用方式下土壤碳组分的差异[J]. 植物营养与肥料学报，16（6）：1418-1425.

刘绍辉，方精云，1997. 土壤呼吸的影响因素及全球尺度下温度的影响[J]. 生态学报，17（5）：469-476.

刘守赞，2005. 黄土高原沟壑区小流域土壤有机碳分布特征及影响因素[D]. 保定：河北农业大学.

刘云慧，宇振荣，张凤荣，等，2005. 县域土壤有机质动态变化及其影响因素分析[J]. 植物营养与肥料学报，11(3)：294-301.

刘丽娟，王玉刚，李小玉，2013. 干旱区绿洲土壤可溶性无机碳的空间分布特征[J]. 生态学杂志，32(10)：2539-2544.

鲁晶晶，周智彬，闫冰，等，2016. 绿洲化过程中塔里木地区农田土壤固碳速率与驱动因素分析[J]. 干旱区研究，6(33)：1325-1335.

吕真真，刘广明，杨劲松，2013. 新疆玛纳斯河流域土壤盐分特征研究[J]. 土壤学报，50(2)：289-295.

马毅杰，陈家坊，1999. 水稻土物质变化与生态环境[M]. 北京：科学出版社.

倪永明，欧阳志云，胥彦玲，等，2006a. 基于地形因素的新疆荒漠植被-气候模型应用研究[J]. 西北植物学报，26(6)：1236-1243.

倪永明，欧阳志云，2006b. 新疆荒漠生态系统分布特征及其演替趋势分析[J]. 干旱区资源与环境，20(2)：7-1.

潘根兴，1999a 中国土壤有机碳和无机碳库量研究[J]. 科技通报，15(5)：330-332.

潘根兴，1999b. 中国干旱性地区土壤发生性碳酸盐及其在陆地系统碳转移上的意义[J]. 南京农业大学学报，22(1)：52-57.

彭佩钦，张文菊，童成立，等，2005. 洞庭湖湿地土壤碳、氮、磷及其与土壤物理性状的关系[J]. 应用生态学报，16(10)：1872-1878.

秦小光，李长生，蔡炳贵，2001. 气候变化对黄土碳库效应影响的敏感性研究[J]. 第四纪研究，21(2)：153-161.

荣井荣，李晨华，王玉刚，等，2012. 长期施肥对绿洲农田土壤有机碳和无机碳的影响[J]. 干旱区研究，29(4)：592-597.

沈婧，2010. 新疆土地资源可持续利用研究[D]. 乌鲁木齐：新疆大学.

史文娇，刘纪远，杜正平，等，2011. 基于地学信息的土壤属性高精度曲面建模[J]. 地理学报，66(11)：1574-1581.

苏永中，赵哈林，2002. 土壤有机碳储量、影响因素及其环境效应的研究进展[J]. 中国沙漠，22(3)：220-228.

汤洁，张楠，李昭阳，等，2011. 吉林西部不同土地利用类型的土壤有机碳垂向分布和碳密度[J]. 吉林大学学报(地球科学版)，4(41)：21.

唐光木，徐万里，盛建东，等，2010. 新疆绿洲农田不同开垦年限土壤有机碳及不同粒径土壤颗粒有机碳变化[J]. 土壤学报，47(2)：279-285.

唐光木，徐万里，周勃，等，2013. 耕作年限对棉田土壤颗粒及矿物结合态有机碳的影响[J]. 水土保持学报，27(3)：238-241.

谭丽鹏，何兴东，王海涛，等，2008. 腾格里沙漠油蒿群落土壤水分与碳酸钙淀积关系分析[J]. 中国沙漠，28(4)：701-705.

陶贞，沈承德，高全洲，等，2006. 高寒草甸土壤有机碳储量及其垂直分布特征[J]. 地理学报，61(7)：720-728.

田中正之，1992. 地球在变暖[M]. 石广玉，李昌明，译. 北京：气象出版社.

王美红，孙根年，康国栋，2008. 新疆植被覆盖与土地退化关系及空间分异研究[J]. 农业系统科学与综合研究，24(2)：181-185，190.

王情，刘雪华，吕宝磊，2013. 基于 SPOT-VGT 数据的流域植被覆盖动态变化及空间格局特征：以淮河流域为例[J]. 地理科学进展，32(2)：270-277.

王让会，张慧芝，卢新民，2002. 新疆绿洲空间结构特征分析[J]. 干旱地区农业研究，20(3)：109-113.

王绍强，周成虎，1999. 中国陆地土壤有机碳库的估算[J]. 中国科学，18(4)：349-355.

王绍强，成虎，李克让，等，2000a. 中国土壤有机碳库及空间分布特征分析[J]. 地理学报，55(5)：533-544.

王绍强，周成虎，夏洁，2000b. 碳循环研究的最新动向[J]. 地球科学进展，15(5)：592-597.

王绍强，周成虎，刘纪远，等，2001. 东北地区陆地碳循环平衡模拟分析[J]. 地理学报，56(4)：390-400.

王涛，朱震达，2003. 我国荒漠化研究的若干问题：荒漠化的概念及其内涵[J]. 中国沙漠，23(3)：220-228.

王文艳，张丽萍，刘俏，2012. 黄土高原小流域土壤阳离子交换量分布特征及影响因子[J]. 水土保持学报，26(5)：123-127.

王相平，杨劲松，金雯晖，等，2012. 近 30a 玛纳斯县北部土壤有机碳储量变化[J]. 农业工程学报, 28(17): 223-229.

王秀红, 2001. 我国水平地带性土壤中有机质的空间变化特征[J]. 地理科学, 21(1): 19-23.

王彦辉, Rademacher P, Folster H, 1999. 环境因子对挪威云杉林土壤有机质分解过程中重量和碳的气态损失影响及模型[J]. 生态学报, 19(5): 641-646.

王艳芬, 陈佐忠, Larry T, 1998. 人类活动对锡林郭勒地区主要草原土壤有机碳分布的影响[J]. 植物生态学报, 22(6): 545-551.

王海江, 王开勇, 刘玉国, 等, 2010. 膜下滴灌棉田不同土层盐分变化及其对棉花生长的影响[J]. 生态环境学报, 19(10): 2381-2385

王丽霞, 汪卫国, 李心清, 等, 2005. 中国北方干旱半干旱区表土的有机质碳同位素、磁化率与年降水量的关系[J]. 干旱区地理, 28(3): 311-315.

王效科, 白艳莹, 欧阳志云, 等, 2002. 全球碳循环中的失汇及其形成原因[J]. 生态学报, 22(1): 94-103.

汪业勖, 赵士洞, 牛栋, 1999. 陆地土壤碳循环的研究动态[J]. 生态学杂志, 18(5): 29-35.

魏孝荣, 邵明安, 2007. 黄土高原沟壑区小流域不同地形下土壤性质分布特征[J]. 自然资源学报, 22(6): 946-953.

吴建国, 2006. 土地利用变化对土壤有机碳的影响[D]. 北京: 中国林业科学研究院.

吴乐知, 蔡祖聪, 2007. 农业开垦对中国土壤有机碳的影响[J]. 水土保持学报, 21(6): 118-134.

肖洪浪, 赵雪, 赵文智, 1998. 河北坝缘简育干润均腐土耕种过程中的退化研究[J]. 土壤学报, 35(1): 129-134.

新疆统计年鉴, 2014. 中国统计年鉴编辑委员会[M]. 北京: 中国统计出版社.

许文强, 陈曦, 罗格平, 等, 2011. 土壤碳循环研究进展及干旱区土壤碳循环研究展[J]. 干旱区地理, 34(4): 614-620.

尹萍, 2008. 开垦年限对亚高山草甸土壤有机碳库和团聚体稳定性的影响[M]. 兰州: 甘肃农业大学.

杨光华，包安明，陈曦，等，2009，1998—2007 年新疆植被覆盖变化及其驱动因素分析[J]．冰川冻土(3)：436-445.

杨景成，韩兴国，黄建辉，等，2003．土地利用变化对陆地生态系统碳贮量的影响[J]．应用生态学报，14(8)：1385-1390.

杨黎芳，李贵桐，李保国，2006．土壤发生性碳酸盐碳稳定同位素模型及其应用[J]．地球科学进展，21(9)：973-981.

杨黎芳，李贵桐，林启美，等，2010．栗钙土不同土地利用方式下土壤活性碳酸钙[J]．生态环境学报，19(2)：428-432.

杨黎芳，李贵桐，赵小蓉，等，2007．栗钙土不同土地利用方式下有机碳和无机碳的剖面分布特征[J]．生态环境，16(1)：158-162.

杨黎芳，李贵桐，2011．土壤无机碳研究进展[J]．土壤通报，42(4)：986-990.

杨学明，张晓平，方华军，等，2004．北美保护性耕作及对中国的意义[J]．应用生态学报，15(2)：335-340.

杨琳，朱阿兴，秦承志，等，2010．基于典型点的目的性采样设计方法及其在土壤制图中的应用[J]．地理科学进展，29(3)：279-286.

姚斌，王锋，冯益明，2014．中国土地荒漠化对土壤碳的影响研究综述[J]．西南林业大学学报，34(3)：100-106.

于贵瑞，2003．全球变化与陆地生态系统碳循环和碳蓄积[M]．北京：气象出版社．

于海达，杨秀春，徐斌，等，2012．草原植被长势遥感监测研究进展[J]．地理科学进展，31(7)：885-894.

于天仁，陈志诚，1990．土壤发生中的化学过程[M]．北京：科学出版社：336-365.

于东升，史学正，孙维侠，等，2005．基于 1：100 万土壤数据库的中国土壤有机碳密度及储量研究应用[J]．应用生态学报，16(12)：2279-2253.

禹朴家，徐海量，乔木，等，2010．玛纳斯河流域土壤类型空间分布格局分析[J]．土壤学报，47(6)：1050-1059.

曾骏，郭天文，包兴国，等，2008．长期施肥对土壤有机碳和无机碳的影响[J]．中国土壤与肥料(2)：11-14

张林，孙向阳，曹吉鑫，等，2010. 荒漠草原碳酸盐岩土壤有机碳向无机碳酸盐的转移[J]. 干旱区地理，33(5)：732-739.

张淑杰，朱阿兴，刘京，等，2012. 整合已有土壤样点的数字土壤制图补样方案[J]. 地理科学进展，31(10)：1318-1325.

张文娟，2006. 基于地理信息系统的中国土壤有机碳储量空间变异性研究[D]. 北京：中国农业大学.

张志强，徐中民，程国栋，等，2001. 中国西部 12 省区(区市)的生态足迹[J]. 地理学报，(5)：601-610.

张山清，普宗朝，2011. 新疆参考作物蒸散量时空变化分析[J]. 农业工程学报，27(5)：73-79.

张凤华，赵强，潘旭东，等，2005. 新疆玛河流域绿洲土壤特效空间变异与合理开发模式[J]. 水土保持学报，19(6)：55-58.

张国盛，黄高宝，2005. 农田土壤有机碳固定潜力研究进展[J]. 生态学报，25(2)：351-357.

张金波，宋长春，杨文燕等，2005. 三江平原沼泽湿地开垦对表土有机碳组分的影响[J]. 土壤学报，42(5)：854-859.

张宁，何兴东，邬畏，2009. 腾格里沙漠 3 种土壤有机质和碳酸钙特征[J]. 生态学报，29(8)：4094-4101.

赵成义，闫映宇，李菊艳，等，2009. 塔里木灌区膜下滴灌的棉田土壤水盐分布特征[J]. 干旱区地理，32(6)：892-901.

赵永存，史学正，于东升，等，2005. 不同方法预测河北省土壤有机碳密度空间分布特征的研究[J]. 土壤学报，42(3)：379-385.

周莉，李保国，周广胜，2005. 土壤有机碳的主导影响因子及其研究进展[J]. 地球科学进展，20(1)：99-105.

庄大方，刘纪元，1997. 中国土地利用程度的区域分异模型研究[J]. 自然资源学报，12(2)：105-111.

Allen D B, Chapin F S, Diaz S, et al., 1995. Rangelands in a chan-ging climate：Impacts, adaptations, and mitigation[J]. Climate Change, 2(1)：131-158.

Austin A, Yahdjian L, Stark J, et al., 2004. Water pulses and bioge-ochemical cycles in arid and semiarid ecosystems[J]. Oecologia (141)：

221-235.

Batjes N H, 1996. Total carbon and nitrogen in the soils of the world[J]. European Journal of Soils Science(47): 151-163.

Berger T W, Neubauer C, Glatzel G, 2002. Factors controlling soil carbon and nitrogen stores in pure stands of Norway spnlce(Piceaabies) and mixed species stands in Austria[J]. Forest Ecology and Management, 159(1-2): 3-14.

Birkeland P W, 1999. Soils and geomorphology[M]. New York: Oxford University Press.

Bohn H L, 1976. Estimate of organic carbon in world soils[J]. Soil Science Society of America Journal, 40(3): 468-470.

Bowman R A, Vigil M F, Nielsen D C, et al., 1999. Soil organic matter changes in intensively cropped dry land systems[J]. Soil Science Society of America Journal, 63: 186-191.

Bruin S, Stein A, 1998. Soil-landscape modeling using fuzzycmea-ns clustering of attribute data derived from a Digital Elevation Model(DEM)[J]. Geoderma(83): 17-33.

Brunsdon C, Fotheringham S, Charlton M, 1998. Geographically weighted regression[J]. Journal of the Royal Statistical Society(Series D), 47(3): 431-443.

Brunsdon C, Fotheringham S, Charlton M, et al., 2010. Geographi-cally weighted regression-modelling spatial non-stationarity[J]. Society, 47(3): 431-443.

Bui E N, Moran C J, 2003. A strategy to fill gaps in soil survey over large spatial extents: An example from the Murray-Darling basin of Australia[J]. Geoderma(111): 21-44.

Burgess T M, Webster R, 1980. Optimal interpolation and isarithmic mapping of soil properties I: The semi-variogram and punctucal Kriging[J]. Soil Sicence(31): 315-331.

Cailleau G, Braissant O, Dupraz C, et al., 2005. Biologically induced accumulations of $CaCO_3$ in orthox soils of Biga, Ivory Coast[J]. Catena, (59): 1-17.

Canti M, 1998. Origin of calcium carbonate granules found in buried soils and quaternary deposits[J]. Borea(27): 275-288.

Canadell J C, Kirschbaum M, Kurz W, et al., 2007. Factoring out natural and indirect human effects on terrestrial carbon sources and sinks[J]. Environment and Science Policy, 10(4)370-384.

Cerling T E, 1984. The stable isotopic composition of modern soil carbonate and its relationship to climate[J]. Earth Planetary Science Letter, 71(2): 229-240.

Chang D H, Islam S, 2000. Estimation of soil physical properties using remote sensing and artificial neural network[J]. Remote Sensing of Environment, 74(3): 534-544.

Chang R Y, F B J, Liu G H, et al., 2012. The effects of afforestation on soil organic and inorganic carbon: A case study of the Loess Plateau of China[J]. Catena, 95: 145-152.

Chaplot V, Walter C, Curmi P, 2000. Improving soil hydromorphy prediction according to DEM resolution and available pedological data[J]. Geoderma, 97: 405-422.

Chaplot V, Bouahom B, Valentin C, 2009. Soil organic carbon stocks in Laos: Spatial variations and controlling factors[J]. Global Change Biology(16): 1380-1393.

Chen Q Q, Sun Y M, Shen C D, et al., 2002. Organic matter turnover rates and CO_2 flux from organic matter decomposition of mountain soil profiles in the subtropical area, south China[J]. Catena, 49: 217-229.

Christensen B T, 1987. Decomposability of organic matter inparticle size fractions from field solis with straw incur-poration[J]. Soil Biology and Biochemistry, 19(4): 429-435.

Chuluun T, Ojima D, 2002. Land use change and carbon cycle in arid and semi-arid lands of East and Central Asia[J]. Science in China(Ser C), 45: 48-54.

Cook S E, Corner R J, Grealish G, et al., 1996. A rule-based system to map soil properties[J]. Soil Science Society of America Journal(60):

1893-1900.

Da Silva J R M, Alexandre C, 2004. Soil carbonation processes as evidence of tillage-induced erosion[J]. Soil and Tillage Research(78): 217-224.

Dalal R C, Mayer R J, 1986. Long-term trends in fertility of soil under continuous cultivation and cereal cropping in southern Queensland, IV. Loss of organic carbon from different density fractions [J]. Australia Journal of Soil Research(24): 301-309.

Davidson E A, Trumbore S E, Amundson R, 2000. Soil wanning and organic carbon content[J]. Nature, 408(14): 789-790.

WhiteD A, Welty B A, Rasmussen C, et al., 2009. Vegetation controls on soil organic carbon dynamics in an arid, hyperthermic ecosystem[J]. Geoderma, 150(1-2): 214-223.

Denef K, Stewart C E, Brenner J, et al., 2008. Does long-term center-pivot irrigation increase soil carbon stocks in Semi-arid agro-ecosystems [J]. Geoderma(145): 121-129.

Díaz-Hernández J L, Barahona-Fernández E, 2008. The effect of petrocalcic horizons on the content and distribution of organic carbon in a Mediterranean semiarid landscape[J]. Catena(74): 80-86.

Dosskey M, Bertsch P, 1997. Transport of dissolved organic matter through a sandy forest soil[J]. Soil Science Society of America Journal(61): 920-927.

Emmerich W E, 2003. Carbon dioxide fluxes in a semiarid environment with high carbonate soils [J]. Agricultural and Forest Meteorology, 116 (1-2): 91-102.

Entry J A, Sojka R E, Shewmaker G E, 2004. Irrigation increases inorganic carbon in agricultural soils[J]. Environmental Management, 33(1): 309-317.

Eshel G, Fine P, Levy G J, 2004. Enhancing inorganic carbon sequestration by irrigation management[J]. Environmental Management, 33(1): 309-317.

Eswaran H, Reich F, Kimble J M, 2000. Global soil carbon stocks. [M]// Lal R, Kimble J, Eswaran H, et al. Global climate change and pedogenic carbonates. Florida: Lewis Publishers.

Eswaran H, Vander B E, Reich P, 1993. Organic carbon in soils of the world[J]. Soil Science Society of America Journal(57): 192-194.

Eswaran H, Vander B E, Reich P, et al., 1995. Global soil carbon resources[M] // Lar R, Kimble J M, Levine E, et al. Soils and global change, advances in soil science[J]. Boca Raton: CRC Press.

Evrendilek F, Celik I, Kilic S, 2004. Changes in soil organic carbon and other physical soil properties along adjacent Mediterranean forest, grassland, and cropland ecosystems in Turkey[J]. Journal of Arid Environments(59): 743-752.

Feng Q, Chen QD, Kunihiko E, 2001. Carbon storage in derstertified Lands: a case study from North China[J]. GeoJournal, 51(3): 181-189.

Feng Q, Endo K. N., Guodong, C, 2002. Soil carbon in desertified land in relation to site characteristics[J]. Geoderma, 106(1): 21-43.

Fidencio P H, Ruisanchez I, Poppi R J, 2001. Application of artificial neural networks to the classification of soils from Sao Paulo state using near-infrared spectroscopy[J]. Analyst(126): 2194-2200.

Florinsky I V, Eilers R G, Manning G R, et al., 2002. Prediction of soil properties by digital terrain modeling[J]. Environmental Modeling and Software (17): 295-311.

Foley J A, 1995. An equilibrium model of the terrestrial carbon budget[J]. Tellus(B), 47(1): 310-319.

Fotheringham A S, Charlton, M E, Brunsdon C, 1996. The geography of parameter space: An investigation into spatial non-stationarity[J]. International Journal of Geographical Information Systems, (10): 605-627.

Fotheringham A S, Brunsdon C A, Charlton M E, 2002. Geograp-hically weighted regression: The analysis of spatially varying relationships[M]. New York: John Wiley and Sons.

Fotheringham A S, Brunsdon C, Charlton M, 2002. Geograp-hically Weighted Regression: The analysis of spatially varying relationships[J]. Chichester: Wiley.

Gessler P E, Moore I D, McKenzie N J, et al., 1995. Soil-landscape modeling and spatial prediction of soil attributes[J]. Geographical Information

Systems(9): 421-432.

Gessler P E , Chadwick O A , Chamran F , et al. , 2000. Modeling soil-landscape and ecosystem properties using terrain attributes [J]. Soil Science Society of America Journal(64): 2046-2056.

Gilmanov T G, Johnson D A , Saliendra N Z , et al. , 2004. Gross primary productivity of the true steppe in Central Asia in relation to NDVI: Scaling up CO_2 fluxes[J]. Environmental Management(33): 492-508.

Goddard M A, Mikhailova E A, Post C J, et al. , 2007. Atmospheric Mg^{2+} wet deposition within the continental United State and implications for soil inorganic carbon sequestration[J]. Tellus(B), 59(1): 50-56.

Govers G, Vandaele K, Desmet P, et al. , 1994. The role of tillage in soil redistribution on hill-slopes[J]. Soil Science(45): 469-478.

Global Carbon Project, 2003. Science framework and implementation [R]. // IGBP, IHDP, WCRP, et al. , Earth System Science Partnership. Canberra.

Guo L B , Gifford R M, 2002. Soil carbon stocks and land use change: A meta-analysis[J]. Global Change Biology(8): 345-360.

Guitong L, Chenglei Z, Hongjie Z, 2010. Soil inorganic carbon pool changed in long-term fertilization experiments in north China plain [J]. World Congress of Soil Science(8): 220-223.

Hartley A M, House W A, Leadbeater B S C, et al. , 1996. The use of microelectrodes to study the precipitation of calcium phosphate upon algal biofilms [J]. Colloid Interface Science(183): 498-505.

Harrison R B , Footen P W , Strahm B D, 2011. Deep soil horizons: Contribution and importance to soil carbon pools and in assessing whole-ecosystem response to management and global change[J]. Forest Science(57): 67-76.

Hengl T , Heuvelink G B M , Stein A, 2004. A generic framework for spatial prediction of soil variables based on regression-kriging[J]. Geoderma, 120(1-2): 75-93.

Hengl T , Heuvelink G B M , Rossiter D G, 2007. About regression-kriging: From equations to case studies[J]. Computers and Geosciences, 33

（10）：1301-1315.

Hole F D，Campbell J B，1985. Soil landscape analysis［M］. London：Routledge and Kegan Paul.

Holt J A，1997. Grassing pressure and soil carbon，microbial biomass and enzyme activities in semiarid northeastern Australia［J］. Applied Soil Ecology（5）：143-145.

House W A，1986. Inhibition of calcite crystal growth by inorganic phosphate［J］. Colloid Interface Science（119）：505-511.

Hontoria C，Rodriguez-Murillo J C，Saa A，1999. Relationship between soil organic carbon and site characteristics in Peninsular Spain［J］. Journal of Soil Science Society of America（63）：614-621.

Hu K L，Li H，Li B G，et al.，2007. Spatial and temporal patterns of soil organic matter in the urban-rural transition zone of Beijing［J］. Geoderma，141（3-4）：302-310.

Tumaerbai H，Gu X B，Cao W，et al.，2009. Research on water-salt movement law of drip irrigation under the film in cotton field in different years［J］. Journal of Xinjiang Agricultural University，32（2）：72-77.

Hudson B D，1992. The soil survey as paradigm-based science［J］. Soil Science Society of America Journal（56）：836-841.

IPCC，2007. Intergovernmental panel on climate change fourth assessment report［J］. International Legal Materials，47（1）99-121.

Janzen H H，2004. Carbon cycling in earth systems-a soil science perspective［J］. Agriculture，Ecosystems and Environment（104）：399-417.

Jean D，Gerald E，Schuman J A，et al.，2004. Response of organic and inorganic carbon and nitrogen to long-term grazing of the shortgrass steppe［J］. Environmental Management，33（4）：485-495.

Jelinski N A，Kucharik C J，2009. Land-use effects on soil carbon and nitrogen on a U. S. Midwestern Floodplain［J］. Soil Science Society of America Journal（73）：217-225.

Jenkinson D S，Adams D E，Wild A，1991. Model estimates of CO_2 emissions from soil in response to globe warming［J］. Nature，351（23）：

304-306.

Jobbágy E G , Jackson R B, 2000. The vertical distribution of soil organic carbon and its relation to climate and vegetation [J]. Ecological Applications (10): 423-436.

Díaz-HernándezJ L, 2010. Is soil carbon storage underesti-mated [J]. Chemosphere, 80(3): 346-349.

Kalbitz K, Kaiser K, 2008. Contribution of dissolved organic matter to carbon storage in forest mineral soils [J]. Journal of Plant Nutrition and Soil Science(171): 52-60.

King A W , Emanuel W R, Wullschleger S D , et al. , 1995. In search of the missing carbon sink: A model of terrestrial biospheric response to land-use change and atmospheric CO_2 [J]. Tellus, 47: 501-519.

King D , Bourrennane H , Isambert M , et al. , 1999. Relationship of the presence of a non-calcareous clay-loam horizon to DEM attributes in a gently sloping area[J]. Geoderma(89): 95-111.

Knotters M , Brus D J , Oude-Voshaar J H, 1995. A comparison of kriging, co-kriging and kriging combined with regression for spatial interpolation of horizon depth with censored observations[J]. Geoderma(67): 227-246.

Kumar S D , Lal R , Liu D S, 2012. A geographically weighted regression kriging approach for mapping soil organic carbon stock[J]. Geoderma(189-190): 627-634.

Lagacherie P , Holmes S, 1997. Addressing geographical data errors in a classification tree soil unit prediction[J]. International Journal of Geographical Information Science(11): 183-198.

Lagacherie P , Baret F , Feret J B , et al. , 2008. Estimation of soil clay and calcium carbonate using laboratory, field and airborne hyperspectral measurements[J]. Remote Sensing of Environment(112): 825-835.

Laganiere J , Angers D A , ParÉ D, 2010. Carbon accumulation in agricultural soils after afforestation: A meta-analysis[J]. Global Change Biology (16): 439-453.

Lal R , Kimble J M, Folletten R F, et al. , 1998. The potential of US croplandto sequester carbon and mitigate the greenhouse effect [M]. Chelsea: Ann Arbor Press.

Lal R, 2001a. Soil and the greenhouse effect [M]//Lal R. Soil carbon sequestration and the greenhouse effect. New York: Soil Science Society of America Inc.

Lal R, 2001b. Potential of desertification control to sequester carbon and mitigate the greenhouse effect[J]. Climatic Change(51): 35-72.

Lal R, 2002. Soil carbon dynamics in cropland and rangeland [J]. Environmental Pollution, 116: 353-362.

Lal R, 2004. Carbon sequestration in dryland ecosystems[J]. Environmental Management, 33(4): 528-544.

Lal R, 2003. Global potential of soil carbon sequestration to mitigate the greenhouse effect[J]. Critical Reviews in Plant Scicences, 22(2): 151-184.

Lal R, 2004. Agricultural activities and the global carbon cycle[J]. Nutrient Cycling in Agroecosystems(70): 103-116.

Lark R M, 1999. Soil-landform relationships at within-field scales: an investigation using continuous classification[J]. Geoderma(92): 141-165.

Li C H , Li Y, Tang L S, 2013a. The effects of long-term fertilization on the accumulation of organic carbon in the deep soil profile of an oasis farmland [J]. Plant and Soil(369): 645-656.

Li J L , Chen Y Z , Gang C C , et al. , 2011. Monitoring of vegetation spatial pattern, diversity and carbon source/sink changes in arid grazing ecosystem of Xinjiang, China by ecological survey and 3S technology [J]. Procedia Environmental Sciences, 10(C): 1974-1979.

Li X G, Wang Z F, Ma Q F, et al. . Crop cultivation and intensive grazing affect to organic C pools and aggregate stability in arid grass land soil[J]. Soil and Tillage Research, 2007, 95(2): 172-181.

Li X G, Li F M, Rengel Z, et al. , 2006. Cultivation effects on temporal changes of organic carbon and aggregate stability in desert soils of Hexi Corridor region in China[J]. Soil and Tillage Research, 91(1-2): 22-29.

Li Q Q , Yue T X , Wang C Q , et al. , 2013b. Spatially distributed modeling of soil organic matter across China: An application of artificial neural network approach[J]. Catena, 104(1): 210-218.

Li Z P , Han F X , Su Y , et al. , 2007. Assessment of soil organic carbonate storage in China[J]. Geoderma(138): 119-126.

Liu Q H , Shi X Z , Weindorf D C , et al. , 2006. Soil organic carbon storage of paddy soils in China using the 1: 1000000 soil database and their implications for C sequestration [J]. Global Biogeochemical Cycles, 20 (3): GB3024.

Lyubimova I N, Degtyareva E T, 2000. Changes in the carbonate distribution in the soils of solonetzic complexes at agrogenic impact Eurasian[J]. Soil Science, 33(7): 746-751.

Machette M N, 1985. Calcic soils of the southwestern United States[C]// Weide D L , Faber M L. Soils and quaternary geology of the southwestern United States. Boulder, CO: Geological[J]. Society of America Special Paper(203): 1-21.

Manrique L A , Jones C A, 1991. Bulk density of soils in relation to soil physical and chemical properties [J]. Soil Science Society of America Journal (55): 476-481.

Marion G M , Schlesinger W H, 1994. Quantitative modeling of soil forming process in desert: The CALDEP and CALGYP models[C]// Bryant R B, Arnold R W. Quantitative modeling of soil forming processes [J]. Madison: SSSA Special Publication

Marland G, Garten C T, Post W M, et al. , 2004. Studies on enhancing carbon sequestration in soils[J]. Energy(29): 1643-1650.

Mathes K , Secondary T H, 1985. Soil respiration during secondary sussession influences of temperature and moisture [J]. Soil Biology and Biochemistry, 17(2): 205-211.

McHale P J, Mitchell M J, Bowles F P, 1985. Soil warming in a northen hardwood forest: Trace gas fluxes and leaf litter decomposition[J]. Canadian Journal of Forest Research(28): 1365-1372.

McKenzie N J, Ryan P J, 1999. Spatial prediction of soil properties using environment correlation[J]. Geoderma(89): 67-94.

Mermut A R, Amoundson R, Cerling T E, 2000. The uses of stable isotopes in studying carbonate dynamics in soils[C]// Lal R, Kimble, J M, Eswaran H, et al. Global climate change and pedogenic carbonates. Florida: Lewis Publishers.

Mi N A, Wang S Q, Liu J Y, et al., 2008. Soil inorganic carbon storage pattern in China[J]. Global Change Biology(14): 2380-2387.

Milne E, Al-Adamat R, Batjes N H, 2007. National and sub-national assessments of soil organic carbon stocks and changes: The GEFSOC modelling system[J]. Agriculture, Ecosystems & Environment, 122(1): 3-12.

Minasny B, McBratney A B, 2002. The neuro-m method for fitting neural network parametric pedotransfer functions[J]. Soil Science Society of America Journal(66): 352-361.

Mishra U, Lal R, Liu D S, et al., 2010. Predicting the spatial variation of the soil organic carbon pool at a regional scale[J]. Soil Science Society of America Journal, 74(3): 906-914.

Monger H C, Wilding L P, 2002. Inorganic carbon: Composition and formation[C]// Lal R. Encyclopedia of Soil Science[J]. New York: Marcel Dekker Inc.

Moore, I.D., Gessler, P.E., Nielson, G.A., et al., 1993. Soil attribute prediction using terrain analysis[J]. Soil Science Society of America Journal, 53: 443-452

Mulla D J, 1993. Mapping and managing spatial patterns in soil fertility and crop yield[M]//Robert P C, Rust R H, Larson W E. Soil specific crop management. Madison: SSSA Special Publication.

Neal C, Helen P J, Richard J W, et al., 2002. Phosphorus-calcium carbonate saturation relationships in a lowland chalk river impacted by sewage inputs and phosphorus remediation: An assessment of phosphorus self-cleansing mechanisms in natural waters[J]. The Science of the Total Environment(282-283): 295-310.

Nakane K, Tsubota H, Yamamoto M, 1984. Cycling of soil carbon in a

Japanese red pine forest I. Before a clear-felling[J]. Botany Management(97):
39-60.

Ni J, 2001. Carbon storage in terrestrial ecosystems of China: Estimates at
different spatial resolutions and their responses to climatic change[J]. Climate
Change, 49(3): 339-358.

Numata I , Soares J V , Roberts D A , et al. , 2003. Relationships among
soil fertility dynamics andremotely sensed measures across pasture
chronosequences in RondÔnia, Brazil [J]. Remote Sensing of Environment,
(87): 446-455.

Odeh I O A , Mcbratney A B , Chittleborough D J, 1995. Further results on
prediction of soil properties from terrain attributes: Heterotopic cokriging and
regression-kriging[J]. Geoderma(67): 215-225.

Oelbermmann M , Voroney R P , Gordon A M, 2004. Carbon sequestration
in tropical and temperate agroforestry systems: A review with examples from Costa
Rica and southern Canada[J]. Agriculture, Ecosystems and Environment(104):
359-377.

Pachepsky Y A , Timlin D J , Rawls W J, 2001. Soil water retention as
related to topographic variables[J]. Soil Science Society of America Journal(65):
1787-1795.

Paul K I , Polglase P J , Nyakuengama J , et al. , 2002. Change in soil
carbon following afforestation [J]. Forest Ecology and Management (168):
241-257.

Phachomphon, K. , Dlamini, P. , Chaplot, V, 2010. Estimating carbon
stocks at a regional level using soil information and easily accessible auxiliary
variables[J]. Geoderma, 155(3-4): 372-380.

Philippe L, Frederic B, Jean-baptiste F, et al. , 2008. Estimation of soil
clay and calcium carbonate using laboratory, field and air borne hyperspectral
measurements[J]. Remote Sensing of Environment, 3(12): 825-835.

Post W M, Emanuel W R, Zinke P J, et al, 1982. Soil carbon pools and
world life zones[J]. Nature, 298(8): 156-159

Post W M, Izaurralde R C, Mann L K, et al. , 2001. Monitoring and verifying changes of organic carbon in soil [J]. Climatic Change(51): 73-99.

Prentice K C , Fung I Y, 1990. The sensitivity of terrestrial carbon storage to climate change[J]. Nature(346): 48-51.

Puigdefábregas J, 1998. Ecological impacts of global change on drylands and their implications for desertification[J]. Land Degradation and Development(9): 393-406.

Rantakari M, Mattsson T, Kortelainen P, et al., 2010. Organic and inorganic carbon concentrations and fluxes from managed and unmanaged boreal first-order catchments[J]. Science of the Total Environment(408): 1649-1658.

Reynolds J F , Smith D M S , Lambin E F , et al., 2007. Global desertification: Building a science for dryland development[J]. Science(316): 847-851.

Rotenberg E , Yakir D, 2010. Contribution of semi-arid forests to the climate system[J]. Science(327): 451-454.

Sabit E, 2003. Comparing ordinary kriging and cokriging to estimate infiltration rate[J]. Soil Science Society of America Journal(67): 1848-1855.

Sahrawat K L, 2003. Importance of inorganic carbon in sequestering carbon in soils of the dry regions[J]. Current Science, 84(7): 864-865.

Scharpenseel H W , Mtimet A , Freytag J, 2000. Soil inorganic carbon and global change[C]//Lal R, Kimble J M, Eswaran H, et al., Global Climate Change and Pedogenic Carbonates. Florida: Lewis Publishers.

Schlesinger W H, 1982. Carbon storage in the caliche of the arid world: a case study from Arizona[J]. Soil Science(133): 247-255.

Schlesinger W H, 1990. Evidence from chronoseauence studies for a low carbon-storage potential of soil[J]. Nature, 348(15): 232-234.

Schlesinger W H, Pilmanis A M, 1998. Plant-soil interactions in deserts [J]. Biogeochemistry(42): 169-187.

Schlesinger W H, 2006. Global change science[J]. Trends in Ecology and Evolution(21): 348-351.

Schuman G E , Janzen H H , Herrick J E, 2002. Soil carbon dynamics and potential carbon sequestration by rangelands[J]. Environmental Pollution, 116(

3）：391-396.

Sebastien F，Sebastien B，Pierre B，2007. Stability of organic carbon in deep soil layers controlled by fresh carbon supply[J]. Nature（450）：277-281.

Semhi K，Suchet P A，Clauer N，et al.，2000. Impact of nitrogen fertilizers on the natural weathering-erosion processes and fluvial transport in the Garonne basin[J]. Applied Geochemistry，15（6）：865-878.

Shen W J，Wu J G，Kemp P R，et al.，2005. Simulating the dynamics of primary productivity of a Sonoran ecosystem：Model parameterization and validation[J]. Ecological Modelling（189）：1-24.

Shen W J，Reynolds J F，Hui D F，2009. Responses of dryland soil respiration and soil carbon pool size to abrupt vs. gradual and individual vs. combined changes in soil temperature，precipitation，and atmospheric[CO_2]：A simulation analysis[J]. Global Change Biology（15）：2274-2294.

Shi W J，Liu J Y，Du Z P，et al.，2011. Surface modelling of soil properties based on land use information[J]. Geoderma，162（3-4）：347-357.

Smith M P，Zhu A X，Burt J E，et al.，2006. The effects of DEM resolution and neighborhood size on digital soil survey[J]. Geoderma（137）：58-69.

Sombroke W G，Nachtergaele F O，Hebel A，1993. Amounts，dynamics and sequestering of carbon in tropical and subtropical soils[J]. Ambio（22）：417-426.

Stone R，2008. Have desert researchers discovered a hidden loop in the carbon cycle[J]. Science（320）：1409-1410.

Sumfleth K，Duttmann R，2008. Prediction of soil property distribution in paddy soil landscapes using terrain data and satellite information as indicators[J]. Ecological Indicators，8（5）：485-501.

Sun W X，Shi X Z，Yu D S，2003. Distribution pattern and density calculation of soil organic carbon in profile[J]. Soils（35）：236-241.

Tan Z，Lal R，Smeck N.，et al.，2004. Relationships between surface soil organic carbon pool and site variables[J]. Geoderma（121）：187-195.

Thompson J A，Bell J C，Butler C A，2001. Digital elevation model resolution: Effects on terrain attribute calculation and quantitative soil-landscape modeling[J]. Geoderma(100): 67-89.

Thompson J A , Pena-Yewtukhiw E M , Grove J H, 2006. Soil-landscape modeling across a physiographic region: Topographic patterns and model transportability[J]. Geoderma, 133(1-2): 57-70.

Triantafilis J, Odeh I O A, Mcbratney A B, 2001. Five geostatistical models to predict soil salinity from electromagnetic induction data across irrigated cotton[J]. Soil Science Society of America Journal(65): 869-878.

Tiessen H, Stewart J W B, 1983. Particle-size fractions and their use in studies of soil or ganic matter II. Cultivation in size fractions [J]. Soil Science Society of America Journal, 47(3): 509-514.

Trumbore S E, Chadwick OA, Amundson R, 1996. Rapid exchanges between soil carbon and atmospheric carbon dioxide driven by temperature[J]. Science, 272(19): 393-396.

Vulcan M , Vieira S R , Vachuad G , et al. , 1983. The use of co-kriging with limited field soil observation [J]. Soil Science Society of America Journal (47): 175-184.

Wang H J, Liu Q H, Shi X Z, et al. , 2007. Carbon storage and spatial distribution patterns of paddy soils in China [J]. Frontiers of Agriculture in China, 1(2): 149-154.

Wang H J, Shi X Z, Yu D S, et al. , 2009. Factors determining soil nutrient distribution in a small-scaled watershed in the purple soil region of Sichuan Province, China[J]. Soil and Tillage Research, 105(2): 300-306.

Wilson A T, 1978. Pioneer agriculture explosion and CO_2 levels in the atmosphere[J]. Nature(273): 40-41.

Wang J P , Wang X J , Zhang J, 2013a. Evaluating loss-on-ignition method for determinations of soil organic and inorganic carbon in arid soils of northwestern China[J]. Pedosphere(23): 593-599.

Wang K , Zhang C R , Li W D, 2013b. Predictive mapping of soil total nitrogen at a regional scale: A comparison between geographically weighted regression and cokriging[J]. Applied Geography(42): 73-85.

Wang Y G , Li Y , Ye X H , et al. , 2010. Profile storage of organic/inorganic carbon in soil: From forest to desert [J]. Science of the Total Environment(408): 1925-1931.

Wohlfahrt G , Fenstermaker L F , Arnone Ⅲ J A, 2008. Large annual net ecosystem CO$_2$ uptake of a Mojave Desert ecosystem[J]. Global Change Biology (14): 1475-1487.

Wu, H. B. , Guo, Z. T. , Peng, C. H, 2003. Land use induced changes of organic carbon storage in soils of China [J]. Global Change Biology, 9: 305-315.

Wu H B , Guo Z T , Gao Q , et al. , 2009. Distribution of soil inorganic carbon storage and its changes due to agricultural land use activity in China[J]. Agriculture Ecosystems and Environment(129): 413-421.

Xie J X , Li Y, Zhai C X, et al. , 2009. CO$_2$ absorption by alkaline soils and its implication to the global carbon cycle[J]. Environment Geology(56): 953-961.

Yang Y H, Chen Y N, Li W H, et al. , 2010. Distribution of soil organic carbon under different vegetation zones in the Ili River Valley, Xinjiang [J]. Journal of Geographical Sciences(20): 729-740.

Yanovsky G A, Wagner G H, 1998. Changing role of cultivated land in the global carbon cycle[J]. Biology and Fertility of Soils(27): 242-245.

Yao R J , Yang J S, 2007. Quantitative analysis of spatial distribution pattern of soil salt accumulation in plough layer and shallow groundwater in the Yellow River Delta[J]. Transactions of the CASE, 23(8): 45-51.

Yohe G W , Malone E , Brenkert A , et al. , 2006. A synthetic assessment of the global distribution of vulnerability to climate change from the IPCC perspective that reflects exposure and adaptive capacity [Z]. New York: Columbia University.

Yu Y Q , Huang Y , Zhang W , 2012. Modeling soil organic carbon change in croplands of China, 1980—2009 [J]. Global and Planetary Change (82): 115-128.

Yang Y H, Fang J Y, Ji C J, et al. , 2010. Soil inorganic carbon stock in the Tibetan alpine grasslands [J]. Global Biogeochemical Cycles, 24 (4): GB4022.

Zhang C Z, Zhang J B, Zhao B Z, et al., 2009. Stable isotope studies of crop carbon and water relations: a review[J]. Agricultural Sciences in China, 8 (5): 578-590.

Zhang C, Tang Y, Xu X, et al., 2011a. Towards spatial geochemical modelling: Use of geographically weighted regression for mapping soil organic carbon contents in Ireland[J]. Applied Geochemistry, 26(7): 1239-1248.

Zhang M, Zhang X K, Liang W J, et al., 2011b. Distribution of soil organic carbon fractions along the altitudinal gradient in Changbai mountain, China[J]. Pedosphere, 21(5): 615-620.

Zhang S W, Huang Y F, Shen C Y, et al., 2012. Spatial prediction of soil organic matter using terrain indices and categorical variables as auxiliary information[J]. Geoderma(171-172): 35-43.

Zhao Y C, Shi X Z, Yu D S, et al., 2005. Soil organic carbon density in Hebei Province, China estimates and uncertainty [J]. Pedosphere, 15 (3): 293-300.

Zhou X H, Talley M, Luo Y Q, 2009. Biomass, litter, and soil respiration along a precipitation gradient in southern great plains, USA [J]. Ecosystems (12): 1369-1380.

Zhu A X, Band I E, Dutton B, et al., 1996. Automated soil inference under fuzzy logic[J]. Ecological Modeling, 90(2): 123-145.